Yanina Singh
Poornima P.

Odontopediatria forense

Yanina Singh
Poornima P.

Odontopediatria forense

ScienciaScripts

Imprint
Any brand names and product names mentioned in this book are subject to trademark, brand or patent protection and are trademarks or registered trademarks of their respective holders. The use of brand names, product names, common names, trade names, product descriptions etc. even without a particular marking in this work is in no way to be construed to mean that such names may be regarded as unrestricted in respect of trademark and brand protection legislation and could thus be used by anyone.

Cover image: www.ingimage.com

This book is a translation from the original published under ISBN 978-620-8-17023-3.

Publisher:
Sciencia Scripts
is a trademark of
Dodo Books Indian Ocean Ltd. and OmniScriptum S.R.L publishing group

120 High Road, East Finchley, London, N2 9ED, United Kingdom
Str. Armeneasca 28/1, office 1, Chisinau MD-2012, Republic of Moldova, Europe
Printed at: see last page
ISBN: 978-620-8-21426-5

"Forense Pediatri e Dentistry"

Autores:-

Dr. Yanina Singh

Professor Assistente

Medicina Dentária Pediátrica e Preventiva

Escola de Ciências Dentárias

Universidade

de

Sharda, Greater Noida

Dr. Poornima P.

Professor

Faculdade de Ciências Dentárias

de Davangere

de Medicina Dentária Pediátrica e Preventiva

Índice

INTRODUÇÃO

"O direito e a ciência são companheiros de cama estranhos"[1]

De acordo com C.J Plourd, a ciência forense é definida como a **aplicação da ciência ao direito ou a questões jurídicas.**[1] A palavra Forense deriva do latim forensic (is): de ou pertencente ao fórum, público, equivalente a for (um) fórum + ens - de, pertencente a + ic. A medicina legal é também designada por medicina legal ou jurisprudência médica. Normalmente, esta equipa multidisciplinar envolve a cooperação e a coordenação de agentes da autoridade, antropólogos forenses, dentistas forenses, patologistas forenses, criminalistas, serologistas e outros especialistas considerados necessários. Há uma variedade de técnicas disponíveis na patologia, antropologia, odontologia e entomologia forenses que podem ajudar a estabelecer a identidade do falecido, a causa da morte, os factores que contribuíram para a morte e o momento da morte.[2]

Há três conceitos que são importantes em todas as ciências forenses: -

1) A primeira envolve a manutenção da "cadeia de custódia" adequada quando se trata de provas.
2) A segunda questão preocupante, que atravessa todos os domínios da ciência forense, é a existência de normas jurídicas para a admissibilidade dos testes forenses e dos testemunhos de peritos.
3) A terceira questão, que diz respeito a todas as disciplinas da ciência forense, é o conceito de testemunha especializada.[3]

Uma investigação forense requer uma mistura hábil de ciência, utilizando técnicas comprovadas e senso comum. A pergunta mais comum feita pelo sistema jurídico ao cientista forense é um pedido para fornecer a identidade de um objeto ou de uma pessoa. Esta área da ciência forense envolve a associação de um objeto de prova que está tipicamente relacionado.

Uma identificação forense tem duas etapas: A primeira etapa consiste na comparação entre um elemento de prova desconhecido e um elemento conhecido, devendo o cientista forense determinar se existe uma concordância suficiente para dizer que existe uma "correspondência". A segunda parte da análise da identificação deve dar algum significado à concordância, fornecendo uma declaração científica que permita ao juiz ou ao júri avaliar o significado da associação de correspondência e responder a uma pergunta simples em benefício do juiz dos factos.[1]

"Como nenhum dedo é idêntico, nem duas bocas nem dois dentes são exatamente idênticos"[5]

A odontologia forense é a aplicação da medicina dentária ao direito.[1] É o ramo da medicina dentária que, no interesse da justiça, se ocupa do tratamento e exame profissionais das provas dentárias e da interpretação e documentação especializadas das conclusões[4] . Esta área especializada da medicina dentária inclui a recolha e interpretação de provas dentárias e afins no âmbito do campo geral da criminalística.[1] Muitos autores no domínio forense confirmaram que o estado dentário de um indivíduo é o meio mais exato de identificação e, em muitos destes casos, o único procedimento de identificação fiável é o exame dentário, a "autópsia oral".[4]

O trabalho do dentista forense inclui :[1]

1) A comparação dos restos mortais com os registos dentários.
2) A comparação com registos dentários.
3) A avaliação das marcas de mordedura (animal ou humana).
4) A comparação com dentições suspeitas.
5) Envelhecimento de indivíduos pela dentição para determinar a idade cronológica, tanto nos vivos como nos mortos.
6) A avaliação das lesões dentárias/orais de um indivíduo para resolver questões civis (indemnizações, etc.) ou penais (agressões, etc.)
7) Resolução de problemas de negligência ou de má prática dentária.

A identificação dentária de uma pessoa a partir de registos dentários por um dentista forense qualificado foi há muito estabelecida e aceite pelos tribunais como meio de provar a identidade de um indivíduo. A necessidade de identificação de uma pessoa pode surgir numa catástrofe de grandes proporções ou numa situação em que morreram várias pessoas e os corpos não são reconhecíveis de outra forma .[1]

À medida que se registam novos avanços no campo da medicina legal, a necessidade de diferentes especializações também é procurada, pelo que uma delas é a pediatria forense. Dado que os traumatismos dentários são frequentes nas crianças devido a acidentes, desportos e maus-tratos, um pedodontista deve ter conhecimentos de medicina dentária forense para registar corretamente os resultados, a fim de ajudar na investigação dos funcionários judiciais. Os odontopediatras podem fornecer informações úteis aos médicos sobre as manifestações orais e dentárias de abuso e negligência de crianças.

HISTÓRIA

A evolução da odontologia forense começou logo no Jardim do Éden. De acordo com o Antigo Testamento, Eva convenceu Adão a colocar uma marca de dentada na maçã. Diz-se que "é sempre tentador sugerir que a história da evidência da marca de mordida (odontologia forense) começou com a ingestão do fruto proibido no Jardim do Éden". Mas o dentista ou o odontologista forense eram raros nessa altura. Não há registo de acontecimentos, comparações ou análises e, além disso, havia um número limitado de suspeitos e os suspeitos teriam confessado.[26]

Mas as provas bem documentadas da utilização de dentes para identificação começaram em 66 d.C. com o caso de Agripina e Lollia Pauline. Após o seu casamento com Cláudio, imperador de Roma, Agripina tenta assegurar a sua posição. Receia que a rica divorciada Lollia Paulina possa ainda ser uma rival do seu marido. Decidiu que seria mais seguro se Lollia Paulina estivesse morta. Dá instruções ao seu soldado para matar Lollia Paulina e para trazer a cabeça de volta. A morte de Lollia Paulina foi confirmada pela identificação dos alinhamentos dentários e de certas caraterísticas distintivas. Foi a primeira utilização da identificação dentária de que há registo.[6]

- Em 1193, uma grande monarquia indiana foi destruída quando o exército de Maomé estabeleceu a sede do seu império em Deli. Uma batalha importante durante a invasão da cidade sagrada de Kauauji envolveu o saque dos santuários sagrados de Muttra, o local de nascimento de Krishna, um local importante na religião hindu. Durante o cerco, **Jai Chand**, o Rajá de Kanauji, foi assassinado depois de ter sido feito prisioneiro e foi identificado pelos seus dentes postiços quando foi encontrado entre os mortos.[1]

- O **conde de Shrewbury** foi morto na batalha de Castillon em 1453. O seu arauto conseguiu identificá-lo pelos seus dentes.[1]

- **O Dr. Paul Revere** foi o primeiro odontologista forense. Encontrou o corpo do Dr. Joseph Warren em 1775 através de pontes de prata e marfim que tinha feito há dois anos.[5]

- A primeira prova dentária foi utilizada no caso **Webster-Parkman** no Tribunal dos EUA. Fragmentos carbonizados de dentes minerais fundidos em ouro foram identificados no Dr. Nathan Parkman, o que levou ao enforcamento do Dr. Webster.[5]

- O Dr. Oscar é considerado **o pai da odontologia forense. - L'Art Dentaire en Medicine Legale** foi a primeira dissertação sobre odontologia forense escrita pelo **Dr. Oscar Amoedo** em 1898.

- Um trágico incêndio num evento de caridade, o Bazar de a Charite, estimulou o seu interesse pela identificação dentária e pelo campo da odontologia forense. Amoedo não esteve envolvido nas identificações após o incêndio, mas conheceu e entrevistou muitos dos que estiveram. A sua tese para a faculdade de medicina, intitulada **L'Art Dentaire en Medicine Legale,** valeu-lhe o doutoramento e serviu de base para o seu livro com o mesmo nome, o primeiro texto completo sobre odontologia forense. Leccionou e trabalhou neste campo até 1936, parando finalmente aos setenta e três anos de idade.[1]

- As marcas de dentadas foram utilizadas como prova em 1937 numa pessoa, **Chantilly**.[5]

- Em 1946, **Welty e Glasgow** criaram um sistema informático que permitia classificar dados dentários de 500 cartões em 1 minuto.[5]

- **Vale** ***et al*** (1976) indicaram 6 posições possíveis de cada dente para demonstrar a individualidade.[5]

- **Sogannaes** ***et al*** (1982) demonstraram a unicidade dos bitemarks, mesmo em gémeos idênticos, por comparação informática.[5]

- **Sweet e Pretty** (2001) consideraram que o tamanho, a forma e o padrão dos bordos incisais ou de mordida dos dentes anteriores superiores e inferiores são específicos de um indivíduo.[7]

ABUSO E NEGLIGÊNCIA DE CRIANÇAS

Dave Pelzer afirmou que: ***"A infância deve ser despreocupada, brincar ao sol; não viver um pesadelo na escuridão da alma"***[23]

"O abuso de crianças é definido como os actos ou omissões de cuidados que privam uma criança da oportunidade de desenvolver plenamente as suas potencialidades únicas como pessoa física, social ou emocionalmente." Também pode ser definido como "**qualquer trauma não acidental, falha na satisfação das necessidades básicas ou abuso infligido a uma criança pelo prestador de cuidados que está para além da norma aceitável de cuidados infantis na nossa cultura**".[7]

ANTECEDENTES HISTÓRICOS

- Desde os tempos antigos gregos e romanos, as crianças eram consideradas "bens móveis". As Leis Romanas das Doze Tábuas, de 450 a.C., determinavam que uma criança do sexo masculino só podia ser vendida três vezes. As crianças indesejadas, deformadas ou do sexo feminino podiam ser deixadas expostas para morrer em territórios romanos ou gregos. A **Bibliotheca Scholastica**, em 1633 d.C., afirmava "poupa a vara e estraga a criança". Um dos primeiros pensadores clássicos a abordar o problema foi **Jean Jacques Rousseau** (17121778), que afirmou: "Falemos menos dos deveres das crianças e mais dos seus direitos."[8] Uma análise de **Radbill** (1973) indica que, historicamente, as crianças eram consideradas propriedade dos pais, tendo poucos direitos próprios. Era dado como adquirido que os pais e tutores tinham todo o direito de tratar os filhos como quisessem.[11]

-Em 1871, a Society of Prevention of Cruelty to Children foi fundada na cidade de Nova Iorque em resposta ao caso **"Mary Ellen"**. Uma menina tinha sido vista a ser maltratada pelos seus pais adoptivos e os vizinhos recorreram à Sociedade de Prevenção da Crueldade contra os Animais de Nova Iorque para obter ajuda.[8]

- Em 1946, num artigo clássico de **Caffey**, foram descritas pela primeira vez algumas caraterísticas comuns da AC/NC, tendo sido relatada a associação comum de hematomas subdurais e patose dos ossos longos.[11]

- Em 1962, o termo síndroma da criança maltratada foi cunhado por **Henry Kempe** no seu artigo de referência. Foi posteriormente desenvolvido por **Kempe** e **Helfer** em 1972. Em 1974, foi promulgada a Lei de Prevenção e Tratamento dos Abusos de Crianças. Pela primeira vez, foi criado no âmbito do governo federal o National Center on Child Abuse and Neglect.[11]

- A contribuição dos dentistas para o reconhecimento da AC/NC surgiu no final da década de 1960. Inicialmente, a medicina dentária centrou-se nos aspectos forenses da síndrome da criança maltratada e dos homicídios. Só recentemente é que a profissão dentária considerou seriamente o seu papel na deteção e notificação de AC/NC.[11]

Os maus tratos a bebés e crianças remontam a tempos longínquos e, tragicamente, continuam a ser demasiado frequentes no nosso mundo "moderno". Nas últimas décadas, têm sido envidados bons esforços em diferentes partes do mundo, incluindo a Índia, no domínio do reconhecimento e da prevenção dos maus-tratos a crianças. Atualmente, muitas pessoas dedicadas trabalham de forma diligente e incansável para educar não só os denunciantes de casos de abuso de crianças, mas também o público em geral. Os maus tratos podem causar lesões graves na criança e até mesmo a morte.[7]

O papel da equipa dentária

Em todos os 50 estados dos Estados Unidos, os médicos e os dentistas são obrigados a comunicar casos suspeitos de abuso e negligência aos serviços sociais ou às autoridades policiais. O objetivo deste relatório é analisar os aspectos orais e dentários do abuso físico e sexual e da negligência dentária, bem como o papel dos médicos e dentistas na avaliação destas situações. Este relatório aborda a avaliação de marcas de dentadas, bem como lesões periorais e intra-orais, infecções e doenças que podem ser suspeitas de abuso ou negligência infantil. Os médicos recebem uma formação mínima em saúde oral e em lesões e doenças dentárias, pelo que podem não detetar aspectos dentários de maus tratos ou negligência tão prontamente como o fazem em relação a maus tratos e negligência de crianças envolvendo outras áreas do corpo. Por conseguinte, os médicos e os dentistas são encorajados a colaborar para aumentar a prevenção, a deteção e o tratamento destas condições.[6]

É importante que a comunidade de odontologistas forenses assuma a liderança nas sociedades dentárias estatais e locais, incentivando a formação de todo o pessoal dentário relativamente a estas vítimas. Além disso, os odontologistas forenses têm estado na linha da frente, contribuindo para artigos em revistas dentárias e/ou capítulos de livros e incluindo o tópico nos seus programas de formação contínua. A equipa de dentistas deve estar ciente dos sinais físicos e comportamentais de abuso e ter um plano no seu consultório sobre como e quando intervir, quer por imposição legal, quer por necessidade de cuidados dentários compassivos e profissionais. Os estatutos estatais são bastante específicos para os prestadores de cuidados de saúde no que respeita à denúncia de abuso de crianças. Dependendo do estado, os abusos podem ser comunicados a diferentes agências e podem ser obrigatórios. Alguns estados podem ter um número central de notificação para todos os tipos de abuso, e outros podem segmentá-lo por grupo etário e tipo. A equipa de medicina dentária também deve fornecer um ou mais recursos a contactar para procurar ajuda profissional. Ser capaz de distinguir entre condições normais, lesões verdadeiramente acidentais ou lesões infligidas intencionalmente é uma chave no arsenal de diagnóstico do médico. Como odontologista forense, pode ser chamado pela polícia, pelo Ministério Público ou mesmo como perito de defesa para avaliar lesões abusivas quanto à causa e forma prováveis. Como dentista, a obrigação é reconhecer, registar, comunicar e/ou encaminhar conforme ditado pelas circunstâncias e de acordo com a lei estatal aplicável.

Todos os tipos de abuso partilham pontos comuns quando a vítima se apresenta no consultório dentário. A história apresentada é inconsistente, contraditória ou vaga. O aspeto físico da lesão (gravidade, natureza da lesão, capacidade física e capacidade de desenvolvimento da vítima) entra em conflito com a história apresentada pelo prestador de cuidados. A descrição da vítima como "desajeitada" ou "propensa a acidentes" ou a utilização de uma doença ou afeção rara ou vaga para explicar a lesão também podem ocorrer. A vítima pode ter sinais de lesões anteriores ou o registo clínico no consultório pode refletir uma lesão semelhante no passado. A vítima pode ser invulgarmente agressiva ou retraída ou apresentar uma mudança súbita de comportamento quando uma pessoa do mesmo sexo que o agressor entra na sala. A tentativa, por parte do profissional ou do pessoal, de estabelecer um contacto físico adequado com a vítima, mas que provoque um retraimento com grande medo, é um sinal de alerta. O comportamento do prestador de cuidados pode ser inadequado, dada a aparência da lesão (o que é que um leigo razoável faria nesta situação).

PANDA é o acrónimo de "Prevent Abuse and Neglect through Dental Awareness" (Prevenir o abuso e a negligência através da sensibilização dentária). Foi fundada em 1992 pela Dra. Lynn Mouden. É um programa educacional estabelecido para tornar os dentistas informados sobre o abuso e consiste em coligações em 46 estados e 12 coligações internacionais. Nos Estados Unidos, o programa representa um esforço de equipa por parte da Delta Dental Plan Foundation, da State Dental Society e da State Child Welfare Agency. Em 2003, a coligação da Califórnia expandiu o PANDA para abranger todas as formas de deteção e prevenção da violência familiar. A formação do profissional de saúde dentária é fundamental. Em situações de abuso, os consultórios dentários não são vistos pelos abusadores como uma "ameaça" à sua descoberta. Como resultado da formação PANDA, as denúncias de abuso infantil por parte dos dentistas aumentaram 60%, enquanto as denúncias de abuso por parte de todos os profissionais aumentaram apenas 6%. Estudos indicam que os dentistas têm quase cinco vezes mais probabilidades de denunciar suspeitas de abuso se tiverem recebido formação sobre os sinais, sintomas e mecanismos de denúncia relacionados com o abuso. Nos últimos anos, tanto na PANDA como em programas apresentados por odontologistas forenses, o tópico foi alargado para incluir todas as facetas do abuso de crianças e outros. Infelizmente, os programas PANDA em vários estados não estão num nível ótimo, e é importante que os odontologistas forenses assumam a liderança com a sua própria sociedade dentária estadual e local para continuar a enfatizar a importância deste programa.[8]

Cenário de abuso de crianças[7]

Em todo o mundo

O Estudo do Secretário-Geral das Nações Unidas sobre a Violência contra as Crianças (Pinheiro 2006) apresentou a seguinte panorâmica da situação do abuso e da violência contra as crianças em todo o mundo:

1. A Organização Mundial de Saúde (OMS) estima que quase 53.000 mortes de crianças em 2002 se deveram a homicídios infantis.

2. No Inquérito Mundial sobre a Saúde dos Estudantes nas Escolas, realizado num vasto leque de países em desenvolvimento, entre 20% e 65% das crianças que frequentam a escola declararam ter sido verbal ou fisicamente intimidadas na escola nos 30 dias anteriores. Foram registadas taxas semelhantes de intimidação nos países industrializados.

3. Estima-se que 150 milhões de raparigas e 73 milhões de rapazes com menos de 18 anos tenham sido vítimas de relações sexuais forçadas ou de outras formas de violência sexual que envolvem contacto físico.

4. A UNICEF estima que na África Subsariana, no Egito e no Sudão, três milhões de

raparigas e mulheres são submetidas todos os anos à mutilação genital feminina (MGF).

5. A Organização Internacional do Trabalho (OIT) estima que 218 milhões de crianças estavam envolvidas em trabalho infantil em 2004, das quais 126 milhões em trabalhos perigosos. Estimativas de 2000 sugerem que 5,7 milhões estavam em trabalhos forçados ou em regime de servidão, 1,8 milhões estavam na prostituição e pornografia e 1,2 milhões eram vítimas de tráfico.

6. Apenas 2,4 % das crianças do mundo estão legalmente protegidas contra os castigos corporais em todos os contextos.

Na Índia

(Comité da Índia dos Países Baixos 2007)

Esta secção descreve especificamente o abuso de crianças na Índia.

1. Abuso físico

Foram comunicados os seguintes dados relativos a maus tratos físicos de crianças na Índia:

a. Geral

1. Há muito pouca investigação sobre maus-tratos físicos na Índia. Apenas dois estudos anteriores são mencionados; duas em cada três crianças foram vítimas de maus tratos físicos.

2. Dos 69% de crianças que sofreram maus-tratos, 54,68% eram rapazes.

3. Mais de 50 % das crianças nos 13 estados da amostra foram sujeitas a uma ou mais formas de abuso físico.

4. A maior parte das crianças não denunciou o caso a ninguém.

5. Os estados de Andhra Pradesh, Assam, Bihar e Deli registaram, de forma quase consistente, taxas mais elevadas de abuso sob todas as formas, em comparação com outros estados.

6. Nas diferentes categorias etárias, a maior percentagem de maus-tratos físicos foi registada nas crianças mais novas (5-12 anos).

b. Família

7. Das crianças maltratadas fisicamente em situações familiares, 88,6% foram maltratadas fisicamente pelos pais.

c. Escola

8. Sessenta e cinco por cento das crianças em idade escolar referiram ter sido vítimas de castigos corporais, ou seja, duas em cada três crianças foram vítimas de castigos corporais em escolas públicas e privadas.

9. Sessenta e dois por cento dos castigos corporais ocorreram em escolas públicas e municipais.

10. As escolas geridas por ONG também registaram uma elevada percentagem de castigos corporais.

d. Crianças trabalhadoras

11. Os rapazes e as raparigas estavam a ser vítimas de maus-tratos de igual modo e corriam um risco elevado de serem vítimas de maus-tratos.

e. Instituições

12. A percentagem de maus tratos a rapazes em instituições correccionais foi muito elevada, 56,37%.

13. Os maus tratos físicos às raparigas nas instituições também eram muito elevados.

f. Crianças de rua

14. 66,8% das crianças de rua relataram ter sofrido abuso físico.

2. *Abuso sexual*

O Comité da Índia dos Países Baixos (2007) constatou igualmente que

1. Mais de metade das crianças inquiridas (53,22%) referiu ter sofrido uma ou mais formas de abuso sexual.
2. Andhra Pradesh, Assam, Bihar e Delhi registaram as percentagens mais elevadas de abuso sexual tanto entre rapazes como entre raparigas.
3. As formas graves de abuso sexual foram relatadas por 21,90% das crianças inquiridas, enquanto 50,76% relataram outras formas de abuso sexual.
4. Das crianças inquiridas, 5,69% referiram ter sido vítimas de abuso sexual.
5. As crianças na rua, as crianças no trabalho e as crianças em instituições registaram as incidências mais elevadas de agressão sexual.
6. Metade dos agressores denunciados são pessoas conhecidas da criança ou que ocupam uma posição de confiança e responsabilidade.
7. A maior parte das crianças não denunciou o caso a ninguém.

Factores de risco[7]

O abuso de crianças pode ocorrer em todos os grupos culturais, étnicos e de rendimentos, em famílias ricas e pobres. Cerca de 95 % das vítimas conhecem os seus agressores.

(1) Com um historial de abuso de crianças na sua própria infância ou de abuso de outras crianças,

(2) Com problemas de alcoolismo ou toxicodependência,

(3) Com problemas de controlo da raiva,

(4) Com competências parentais especialmente fracas,

(5) As pessoas com fracas capacidades de lidar com a situação, especialmente no que se refere à resolução de problemas e a fazer ou ter escolhas, apresentam factores de risco de abuso.

(6) Foi demonstrado que as crianças nascidas prematuramente correm maior risco de serem vítimas de abusos

(7) Está provado que os filhos de pais com baixos rendimentos correm maior risco de serem maltratados.

(8) O stress nas famílias pode contribuir para os maus tratos às crianças. Os problemas típicos incluem stress financeiro, separação familiar, doença, abuso de substâncias, desemprego e habitação sobrelotada. Algumas mães simplesmente não se sentem realizadas com a insensibilidade e a falta de reação de um bebé. O stress no seio da família devido a várias razões (por exemplo, isolamento, crise, abuso de drogas ou álcool, pais adolescentes, mães solteiras, etc.), preocupações financeiras, maus ambientes residenciais e atitudes desafiantes das crianças são factores que contribuem para os maus tratos.[7]

SINAIS CLÍNICOS DE MAUS TRATOS A CRIANÇAS[7]

Na receção

1. Observar regularmente as crianças para detetar comportamentos estranhos. Avaliar a higiene, os sinais exteriores de alimentação correta e o estado geral de saúde. O vestuário da criança é adequado ao clima atual?

2. Existem feridas ou hematomas no rosto ou no corpo da criança

3. Como é que a criança reage aos outros?

As crianças maltratadas podem agir de forma agressiva, demonstrando uma raiva inapropriada e perda de controlo, ou podem ser mal-humoradas, estóicas ou retraídas

Exame oral suplementar

1. Examinar a cabeça e o pescoço para detetar assimetrias, inchaços e hematomas; inspecionar o couro cabeludo para detetar sinais de arrancamento de cabelo; verificar as orelhas para detetar cicatrizes, rasgões e anomalias
2. Procure hematomas e abrasões de cores diferentes, que indicam diferentes fases de cicatrização. Verifique se existem marcas de padrão distintivo na pele deixadas por objectos como cintos, cordas, cabides ou cigarros.

3. Examinar o terço médio da face para detetar hematomas bilaterais à volta dos olhos, petéquias (pequenas manchas vermelhas ou roxas contendo sangue) na esclerótica do olho, ptose das pálpebras ou desvio do olhar, nariz magoado, desvio do septo ou coágulo de sangue no nariz.
4. Verificar se existem marcas de dentadas, que podem ser o resultado de uma raiva incontrolável do adulto ou de outra criança. As marcas de mordidelas em zonas que não podem ser resultado de feridas auto-infligidas nunca são acidentais.

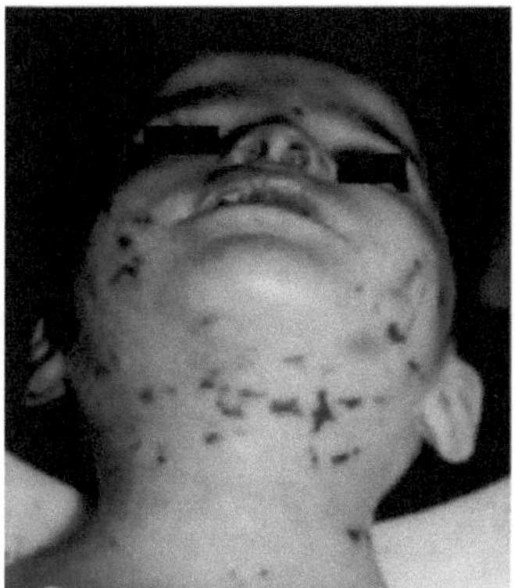

Figura 1: equimoses múltiplas observadas na face e no pescoço

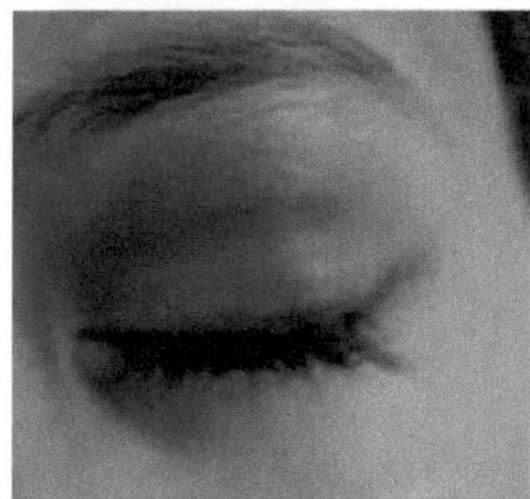

Figura 2: Hematoma observado no olho esquerdo.

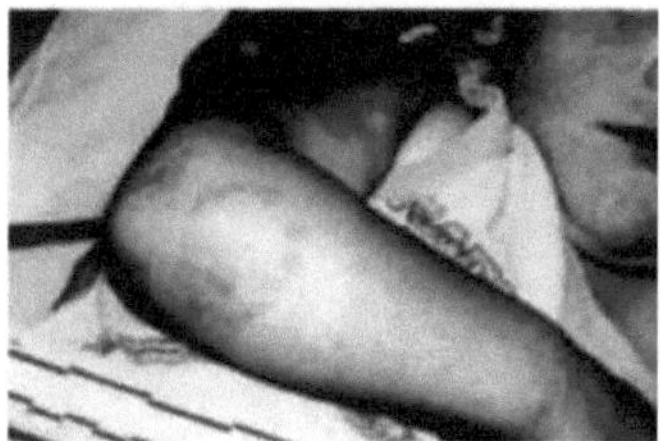

Figura 3: Marca de mordedura no braço

Exame intra-oral

1. Queimaduras ou hematomas perto das comissuras da boca podem indicar amordaçamento com um pano ou corda. Cicatrizes nos lábios, língua, palato ou frénulo lingual podem indicar alimentação forçada. Manifestações orais de doenças sexualmente transmissíveis podem indicar abuso sexual.

2. Um frénulo labial rasgado é um achado intra-oral que pode indicar abuso. Lembre-se que a idade da criança é uma consideração importante, uma vez que uma rotura do frénulo numa criança pequena que está a aprender a andar não é invulgar.

3. Deve ser investigada a causa das lesões dos tecidos duros devidas a traumatismos, tais como dentes fracturados ou em falta ou fracturas do maxilar.

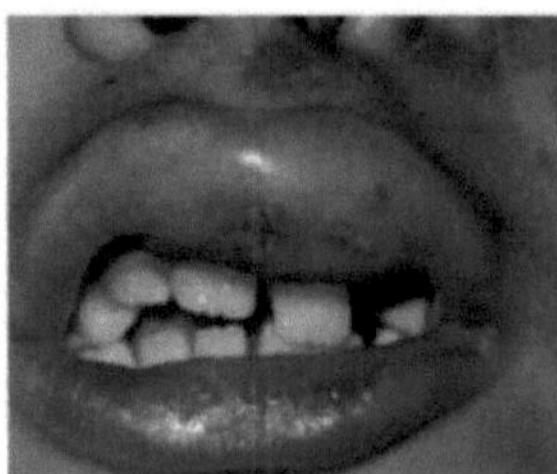

Figura 4: Conclusão oral num caso de abuso de crianças

ABUSO FÍSICO

A UNICEF definiu os maus-tratos físicos como "**tentativas de violência não acidentais, proibidas, que causam dor à criança e que podem causar danos constantes ao desenvolvimento e funcionalidade da criança**".[10]

História

- *História de testemunhas oculares:* Esta tem normalmente três aspectos:

i. O próprio filho afirma que a lesão foi causada pelo progenitor

ii. Um progenitor acusa o outro da lesão

iii. O pai aceita que uma das muitas lesões é causada por ele, mas não todas.

- *Ferimento inexplicável:* Alguns pais ou prestadores de cuidados negam ter conhecimento do ferimento; outros podem contar sobre o ferimento, mas não conseguem explicar como é que ele aconteceu. Esperam que os outros acreditem que a lesão foi espontânea. Quando pressionados, podem tornar-se evasivos ou dar uma explicação vaga. Estas explicações são auto-incriminatórias.

A maioria dos pais sabe exatamente como, onde e quando o seu filho se magoou.

- *História implausível:* Muitos pais dão uma explicação para o ferimento, mas uma que é implausível e inconsistente com o senso comum, como a descrição de um ferimento ligeiro, quando as marcas na criança provam o contrário.
- *Alegada lesão auto-infligida:* Uma alegada lesão auto-infligida num bebé pequeno é muito grave. Em geral, se uma criança não consegue gatinhar, não pode provocar lesões autoprovocadas.
- *Atraso na procura de cuidados médicos:* A maior parte dos pais não abusivos procuram cuidados imediatos quando o seu filho está ferido. Em contrapartida, algumas

crianças maltratadas não são apresentadas para receber cuidados durante um período de tempo considerável, mesmo em caso de ferimentos graves. Outra caraterística dos pais agressores é o facto de não acompanharem a criança ao centro de saúde.[11]

As lesões craniofaciais, da cabeça, da face e do pescoço ocorrem em mais de metade dos casos de abuso de crianças. É necessário um exame intra-oral e perioral cuidadoso e minucioso em todos os casos de suspeita de abuso e negligência. Além disso, todas as vítimas suspeitas de abuso ou negligência, incluindo crianças sob custódia do Estado ou em famílias de acolhimento, devem ser examinadas cuidadosamente não só para detetar sinais de traumatismo oral, mas também cáries, gengivite e outros problemas de saúde oral. Algumas autoridades acreditam que a cavidade oral pode ser um foco central de abuso físico devido à sua importância na comunicação e nutrição.[6]

O dentista deve saber distinguir os maus-tratos físicos de outros tipos de maus-tratos, observando a história, as lesões múltiplas e as fases de cicatrização. As lesões orais podem ser infligidas com instrumentos como utensílios de alimentação ou um biberão durante a alimentação forçada, mãos, dedos ou líquidos escaldantes ou substâncias cáusticas.[6]

Os maus-tratos físicos podem resultar em vários tipos de lesões, incluindo contusões, equimoses, abrasões, lacerações, fracturas, queimaduras, mordeduras, hematomas, hemorragia da retina, alopécia traumática e traumatismo dentário. Lesões na cabeça, incluindo hematomas subdurais (que causam mais lesões graves e mortes do que qualquer outra forma de abuso), alopécia traumática, hematomas subgaleais e hematomas atrás das orelhas - hemorragia da retina, ptose e hematomas periorbitais, hematomas do pavilhão auricular e danos na membrana timpânica, fracturas nasais ou uma lesão que resulta em narinas coaguladas. Foram comunicadas lesões orofaciais, incluindo lesões labiais, como lacerações, queimaduras, abrasões ou hematomas; lesões bucais, como lacerações do frénulo labial ou lingual, queimaduras ou lacerações da gengiva, da língua, do palato ou do pavimento da boca; lesões da maxila ou da mandíbula, como fracturas passadas ou presentes dos ossos faciais, dos côndilos, do ramo ou da sínfise da mandíbula. As lesões provocadas por mordeduras estão normalmente associadas a maus tratos físicos ou sexuais. Tem sido referido que, muitas vezes, as marcas de dentadas são erradamente diagnosticadas como simples contusões da infância. As caraterísticas especiais das marcas de mordedura são a configuração oval ou circular ou uma hemorragia, representando uma marca de "sucção" ou "empurrão". Foi relatado que as marcas podem ocorrer em qualquer parte do corpo da criança; os locais mais comuns são as bochechas, as costas, os lados, os braços, as nádegas e os órgãos genitais. As mordaças aplicadas na boca podem deixar nódoas negras, liquenificação ou cicatrizes nos cantos da boca. Ferimentos múltiplos, ferimentos em diferentes fases de cicatrização, ferimentos inadequados para a fase de desenvolvimento da criança ou uma história discrepante devem levantar a suspeita de abuso.[7]

Algumas lesões graves da cavidade oral, incluindo lesões da faringe posterior e abcessos retrofaríngeos, podem ser infligidas por prestadores de cuidados com perturbação factícia por procuração para simular hemoptise ou outros sintomas que exijam cuidados médicos; independentemente do motivo do prestador de cuidados, todas as lesões infligidas devem ser comunicadas para investigação. As lesões não intencionais ou acidentais da boca são comuns e devem ser distinguidas do abuso, avaliando se a história, incluindo o momento e o mecanismo da lesão, é consistente com as caraterísticas da lesão e as capacidades de desenvolvimento da criança. Lesões múltiplas, lesões em diferentes fases de cicatrização ou uma história discrepante devem levantar a suspeita de abuso. Pode ser útil consultar ou encaminhar a criança para um dentista experiente.[6]

Os lábios foram o local mais comum das lesões orais infligidas (54%), seguidos pela mucosa oral, dentes, gengivas e língua. Dentes descoloridos, indicando necrose pulpar, podem resultar de trauma anterior.[6]

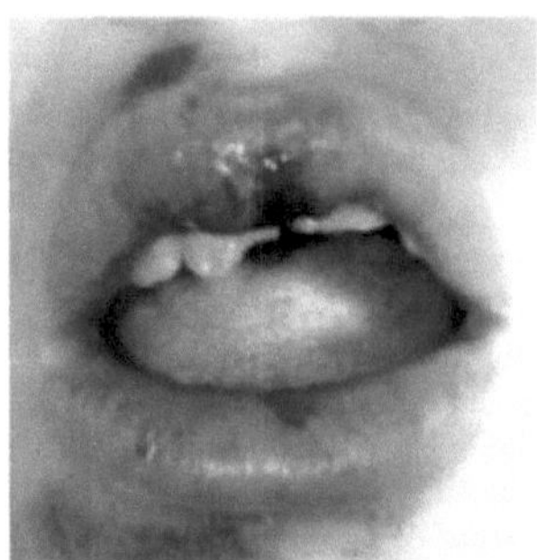

Figura 5: Lesão do lábio

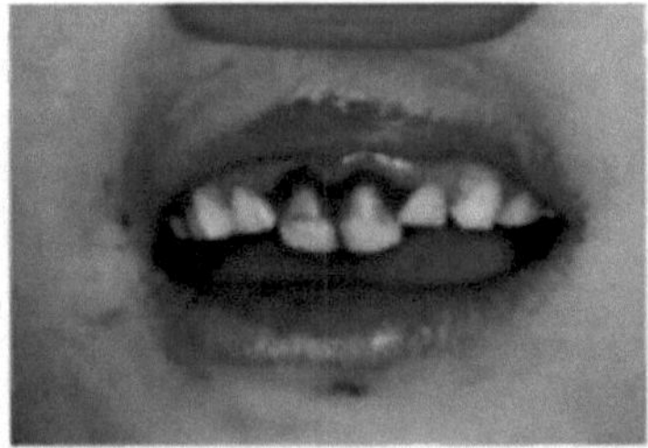

Figura 6: Lesão nos dentes

Fracturas: As fracturas de várias idades, algumas talvez recentes, outras em fase de cicatrização e outras resolvidas, são um achado comum nos casos de abuso. Já em 1946, John Caffey relatou no *American Journal of Roentenology* a ocorrência de fracturas em espiral de ossos longos e hematomas subdurais em bebés. Atualmente, o termo mais comum é traumatismo craniano abusivo (AHT). O trabalho de C. Henry Kempe (1962) sobre o abuso de crianças foi o mais significativo para iniciar um estudo sério do âmbito do problema, incluindo sinais e sintomas. Helfer e Kempe utilizaram o termo "Síndroma da Criança Maltratada" no seu texto de 1968, o que chamou a atenção dos profissionais de saúde, das forças policiais e do público leigo para o problema.

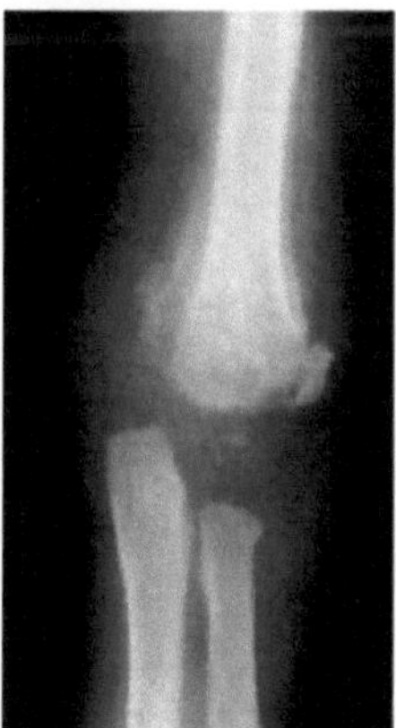

Figura 7: Fratura do eixo médio do úmero

Hematomas: As nódoas negras em várias fases de cicatrização também podem ser uma prova de abuso em série. Mais uma vez, o período de tempo e a história apresentada pelos pais correspondem ao aspeto clínico da lesão. Se a criança tiver idade suficiente para contar o que aconteceu, muitas vezes uma simples pergunta não ameaçadora à criança pode dar ao profissional razões para prosseguir. Se o fizer fora do alcance dos ouvidos dos pais ou do prestador de cuidados, pode obter uma resposta diferente da que foi dada pelos pais. A localização típica das pancadas e contusões acidentais inclui o queixo, os cotovelos, os pulsos e as mãos, bem como os joelhos. As lesões acidentais nas proeminências ósseas são comuns, no entanto, as lesões nas superfícies reversas, como a parte interna do braço ou a parte de trás do joelho, têm mais probabilidades de resultar de maus tratos.[8]

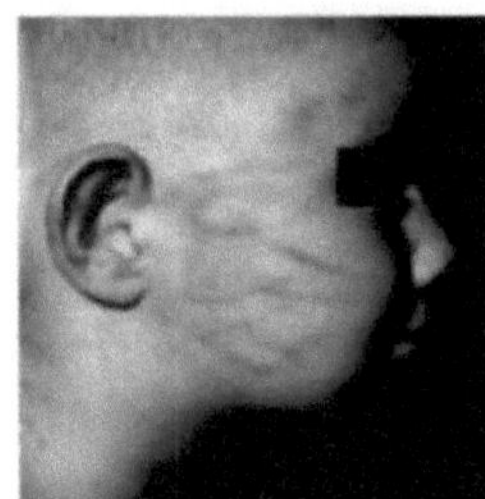

Figura 8: Hematoma facial

<u>Envelhecimento dos hematomas</u>

Caraterísticas do tempo decorrido

0-3 Dias- Inchado, sensível

0-5 Dias- Vermelho, azul, roxo

5-7 dias - Verde

7-10 dias- Amarelo

10-14 dias -Castanho ou limpo[8]

2-4 semanas - Libertado[11]

- *<u>Contusões infligidas</u>:* Ocorrem em locais típicos ou enquadram-se em padrões reconhecíveis.
- *<u>Equimoses acidentais</u>:* Um conhecimento profundo das nódoas negras acidentais comuns e invulgares ajudará a reconhecer as lesões infligidas. Também é útil compreender os costumes ou práticas invulgares que deixam nódoas negras. Por último,

é importante lembrar que todas as descolorações azuladas da pele não são nódoas negras. A maioria das crianças adquire 1 ou 2 nódoas negras na atividade diária, como no joelho e nas pernas ao caminhar e na testa ao saltar. As caraterísticas destas nódoas negras são semelhantes às marcas de agarramento ou de maus tratos, no entanto, as nódoas negras acidentais situam-se sobretudo sobre proeminências ósseas, enquanto as marcas de maus tratos se situam em tecidos moles.

- _Equimoses invulgares:_ Algumas práticas étnicas comuns podem provocar nódoas negras que não devem ser confundidas com maus tratos a crianças. Os vietnamitas podem provocar nódoas negras simétricas e lineares ao esfregar moedas. Para sintomas de febre, arrepios ou dores de cabeça, as costas e o peito são cobertos com óleo e depois massajados em movimentos descendentes com a ponta de uma moeda.
- _Pseudo-contusões:_ Algumas doenças de pele como a mancha mongólica ou descolorações periorbitais alérgicas, *Haemophillus influenza* podem dar a aparência de marcas abusivas.[11]

Locais típicos de contusões infligidas

- Nádegas e região lombar (pancadinhas)
- Genitais e parte interna das coxas
- Bochecha (marcas de bofetada)
- Lóbulo da orelha (marcas de aperto)
- Lábio superior e frénulo (alimentação forçada)
- Pescoço (marcas de estrangulamento)

 - Cantos da boca (amordaçamento da criança)[11]

Instruments of abuse and typical signs of skin injury [27]	
Instruments	Cutaneous signs of abuse
1. Hands or knuckles/fists	Handprints, oval fingermarks on skin, or pinch marks; "tin ear syndrome," which includes bruising to pinna, retinal bleeding, and head injury (e.g, from a punch)
2. Belt or buckle	Long, broad bands of ecchymoses ending in a horseshoe-shaped mark caused by buckle; the tongue of the buckle may cause puncture wounds
3. Rope, wire, or cord	Loop marks, double track marks, or burns
4. Whip, stick, or paddle	Linear bruises and petechiae, often along the gluteal cleft
5. Fingernails, coat hanger, or hairbrush	Linear excoriations
6. Teeth	Bite marks
7. Other	Erythematous imprint in shape of a spoon or fly-swatter

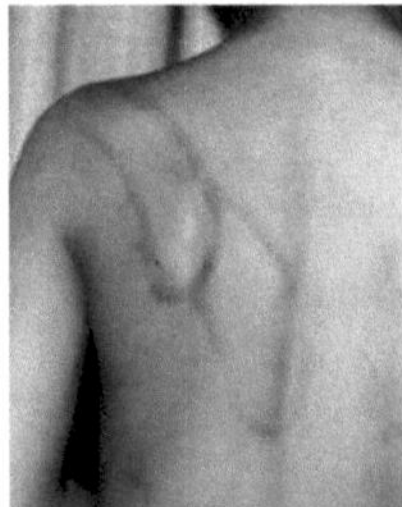

Figura 9: lesão causada por corda de laço

Variáveis que afectam o aspeto dos hematomas

- *Vascularização do tecido lesionado:* Os hematomas nos tecidos soltos e altamente vascularizados à volta dos olhos são mais pronunciados do que na pele em áreas como a palma da mão ou as plantas dos pés.
- *Idade:* As crianças e os idosos ficam com nódoas negras mais facilmente devido à pele

frouxa e delicada.

• *Taxa metabólica:* As mulheres ficam com nódoas negras mais facilmente do que os homens.

• *Medicamentos:* A aspirina, por exemplo, pode aumentar a hemorragia.

• *Cor normal da pele:* As pigmentações da mancha podem afetar a observação de uma contusão.

• *Massa e velocidade do impacto:* Podem influenciar a profundidade e a superfície da lesão, bem como a taxa de cicatrização. Por exemplo, uma lesão subcutânea profunda pode prolongar o tempo de hemorragia ou um hematoma anterior no mesmo local pode afetar o hematoma subsequente, aumentando a taxa de resolução.

• *Tempo de lesão:* O momento do aparecimento da equimose está relacionado com o tempo necessário para que o sangue extravasado chegue à superfície. Este tempo de espera permite que as equimoses antemortem apareçam postmortem.

• *Outros factores que afectam as contusões:* Rapidez da morte após a lesão e condições ambientais.

Feridas laceradas e incisas: As feridas laceradas são causadas por um traumatismo contundente provocado por um instrumento plano ou "arredondado", que rasga os tecidos moles. As feridas com incisão são causadas por traumatismos de força cortante provocados por instrumentos com uma extremidade cortante. As lacerações têm normalmente fios de tecido fibroso que se estendem ao longo da ferida, o que se designa por ponte de tecido. As feridas com incisão também podem ser causadas por um cabo ou fio que é atingido com força suficiente para penetrar na pele.

Lesões padronizadas: As lesões com padrões são comuns nos maus tratos a crianças, bem como noutras formas de maus tratos. Um cordão enrolado ou um cabide metálico utilizado para bater na criança deixa uma marca caraterística. Além disso, uma bofetada no rosto ou noutra parte do corpo da criança pode deixar marcas interrompidas e paralelas dos dedos. Para o odontologista forense, a marca de mordedura humana é provavelmente o tipo mais frequente de lesão com padrão que pode ser chamado a avaliar.

Lesões orofaciais: Os traumatismos orofaciais em casos de maus tratos a crianças têm sido objeto de vários estudos, incluindo a tese de mestrado deste autor, que abrangeu 450 casos de 14 hospitais do Condado de Cook, Illinois. As percentagens de abuso físico de crianças envolvendo o complexo orofacial variam entre 58% e 85% nas últimas três décadas. O rosto é considerado a "persona" da criança vítima e é o alvo mais frequente dos maus-tratos físicos.

Podem ser observados dentes fracturados, subluxados ou avulsionados. São também comuns as lacerações do frénulo e as contusões dos lábios, bochechas, região sublingual e faríngea. Os lábios podem ser lacerados com um objeto ou por uma bofetada da mão. O nariz também pode ser fracturado, lacerado ou contundido. Até mesmo fracturas do maxilar podem ser observadas em casos extremos.

Lesões oculares: As lesões oculares podem por vezes ser visíveis a olho nu, como as hemorragias subconjuntivais. A câmara anterior do olho também pode estar cheia de sangue. As lesões do tipo "chicotada" (Síndrome do Bebé Sacudido), como a hemorragia e o descolamento da retina, podem exigir um oftalmoscópio para serem detectadas.

Traumatismo craniano abusivo: Um hematoma subdural é a lesão fatal mais comum observada no traumatismo craniano abusivo (AHT). O resultado é uma hemorragia entre o cérebro e a superfície interna do crânio. Esta lesão requer normalmente intervenção cirúrgica. Os hematomas subgaleais envolvem hemorragias entre o couro cabeludo e a superfície externa do crânio. Ocasionalmente, uma queda ou uma pancada acidental na cabeça pode provocar este tipo de reação. Dependendo do tamanho, da flutuação, da dor ou da natureza do inchaço, uma compressa fria pode ser um alívio adequado; no entanto, se for extenso, deve ser avaliado por um médico. Puxar o cabelo de forma traumática também pode causar este tipo de lesão, que pode ter de ser excluída pelo profissional de saúde que a examina. Os pais ou outros prestadores de cuidados podem entrançar ou pentear o cabelo que foi puxado do couro cabeludo. A alopécia é uma condição médica semelhante à calvície masculina. O cabelo cai no folículo e deixa uma superfície lisa da pele. Por outro lado, o cabelo arrancado parte-se em vários pontos da haste, o que deixa algumas zonas desnudadas e algumas hastes de cabelo partidas de diferentes comprimentos.

Marcas de dentadas: As marcas de dentadas humanas são frequentemente observadas em casos de abuso físico de crianças. Como odontologistas, estamos qualificados para examinar essas marcas quanto à sua possível origem. Podem ser de um adulto ou de outra criança. Existem questões pertinentes que incluem, em primeiro lugar, qual a forma e o tamanho dos dentes vistos na marca e se estão claramente demarcados; e se a lesão se enquadra na história fornecida relativamente ao tamanho, forma, orientação no corpo, como e quando foi infligida. Em alguns casos de maus tratos a crianças, pode também ser necessário sedar a criança para fotografar corretamente a marca da mordedura e tirar as impressões necessárias. As percentagens de abuso físico de crianças envolvendo o complexo orofacial variam entre 58% e 85% nas últimas três décadas. O rosto é considerado a "persona" da criança vítima e é o alvo mais frequente de maus-tratos físicos.

Queimaduras provocadas: As queimaduras infligidas podem ser causadas por uma série de coisas: objectos, ferramentas ou utensílios aquecidos; queimaduras por contacto seco com um aquecedor ou outra superfície quente; água quente por imersão intencional ou por salpicos ou escaldões. As queimaduras por imersão no corpo apresentam frequentemente uma linha de demarcação clara e uma história de que a criança foi salpicada pela água ou brincou na banheira ou no lava-loiça. Cigarros e charutos também podem ser usados para torturar a criança. Lesões circulares únicas ou múltiplas com escaras nos bordos, com 0,5-1,0 cm de diâmetro, podem ser observadas neste tipo de abuso.[8]

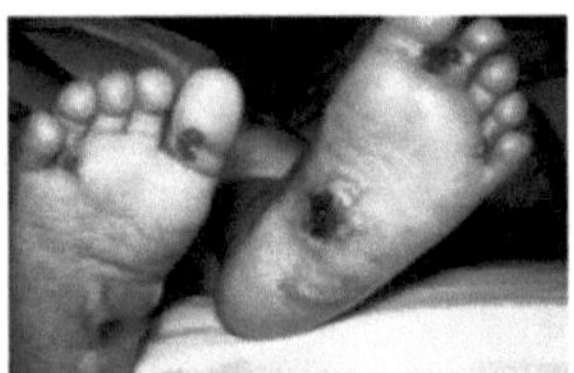

Figura 10: queimaduras de cigarro

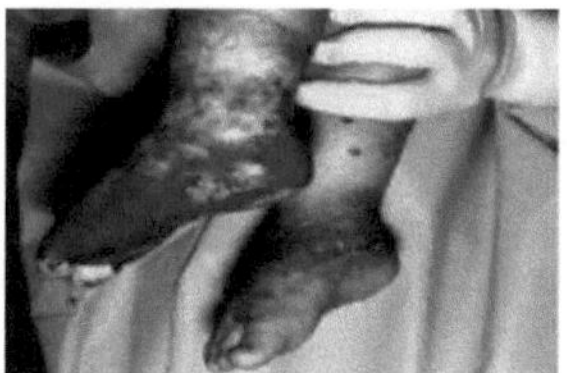

Figura 11: queimaduras resultantes da imersão em água quente

EXPLORAÇÃO

A exploração infantil tem sido um problema ao longo da história. Embora as novas tecnologias tenham sido responsáveis por muitas mudanças positivas na sociedade, também alteraram a forma como os adultos podem aproveitar-se das crianças. Com os enormes avanços tecnológicos registados no século XX, há uma variedade de novas ferramentas disponíveis para aqueles que se aproveitam das crianças. No início do século XXI, esta vitimização adquiriu novas e importantes caraterísticas. A Internet, a fotografia digital e a facilidade de deslocação tiveram um impacto significativo.[28] A exploração de crianças pode envolver tanto o abuso sexual como o trabalho forçado. As crianças dos países do terceiro mundo são especialmente vulneráveis, mas mesmo aqui nos Estados Unidos, as notícias documentam crianças pequenas ou pré-adolescentes a serem "vendidas" a alguém por dinheiro, drogas ou outros bens materiais, ou mesmo devido à intimidação dos pais para fins de má conduta sexual. As leis sobre trabalho infantil nos países subdesenvolvidos são frouxas ou inexistentes, permitindo que as crianças trabalhem em fábricas ou noutros trabalhos perigosos por serem pequenas e ágeis. O contraponto é que aqui nos Estados Unidos, alguns defensores das crianças têm procurado limitar severamente o trabalho das crianças na quinta da família dos seus próprios pais, parte de uma longa tradição. As famílias com trabalho temporário e a utilização dos seus filhos pequenos para longas horas de trabalho mal remunerado não são normalmente regulamentadas.[8]

ABUSO SEXUAL

De acordo com David e Richard, "**o abuso sexual é geralmente uma atividade progressiva ao longo de um período de tempo que começa com exibicionismo, masturbação na presença da vítima, frottage ou fricção de partes do corpo até ao orgasmo, e passa para o molestamento físico real, incluindo carícias, ou relações sexuais (anal, vaginal oral)**". Também pode ser definido como **qualquer atividade sexual com uma criança com menos de 18 anos por um adulto.**[1]

Nem todos os casos de abuso sexual são notificados devido à subnotificação resultante de uma série de factores:[29]

- Os costumes culturais fazem do abuso sexual um estigma para a vítima, o agressor e a família e uma questão que não é facilmente abordada.
- As vítimas são frequentemente crianças de tenra idade cujo medo, falta de consciência ou falta de conhecimentos linguísticos as tornam presas fáceis e vítimas que podem não estar preparadas ou não ser testemunhas credíveis.
- Os profissionais de saúde podem não ter conhecimento dos sinais ou sintomas de abuso sexual de crianças.
- O abuso sexual de crianças é frequentemente oculto, sem manifestações físicas visíveis.
- Os profissionais de saúde podem não estar dispostos a denunciar casos de abuso sexual em que não existam provas físicas claras, por receio de erro, represálias ou perda de pacientes.
- A verificação do abuso sexual através de exame físico pode estar para além do âmbito legal da prática de muitos profissionais.

- Falta de uma definição aceite de abuso sexual.

CENÁRIOS GLOBAIS[30]

Em 2002, a OMS estimou que 73 milhões de rapazes e 150 milhões de raparigas com menos de 18 anos tinham sido vítimas de várias formas de violência sexual. O Centro de Controlo de Doenças e o Departamento de Justiça dos Estados Unidos realizaram um estudo nos Estados Unidos e indicaram que a prevalência de ter sido forçado a ter relações sexuais em algum momento das suas vidas era de 11% e 4% das raparigas e rapazes do ensino secundário, respetivamente. Uma meta-análise efectuada em 2009 analisou 65 estudos em 22 países e estimou um "valor global internacional". As principais conclusões do estudo foram as seguintes

- Estima-se que 7,9% dos homens e 19,7% das mulheres tenham sido vítimas de abuso sexual antes dos 18 anos.
- A taxa de prevalência mais elevada de AEC foi observada em África (34,4%).
- A Europa, a América e a Ásia registaram uma taxa de prevalência de 9,2%, 10,1% e 23,9%, respetivamente.
- No que respeita às mulheres, sete países comunicaram taxas de prevalência superiores a um quinto, ou seja, 37,8% na Austrália, 32,2% na Costa Rica, 31% na Tanzânia, 30,7% em Israel, 28,1% na Suécia, 25,3% nos EUA e 24,2% na Suíça.
- A taxa mais baixa observada para os homens pode ser, em certa medida, imprecisa devido à subnotificação.

CENÁRIO INDIANO[30]

- A Índia alberga 19% das crianças do mundo.

- De acordo com o censo de 2001, cerca de 440 milhões de pessoas na Índia tinham menos de 18 anos de idade e constituíam 42% da população total.

- Em 2011, foram registados 33 098 casos de abuso sexual de crianças no país, em comparação com os 26 694 registados em 2010, o que representa um aumento de 24%.

- A Índia tem o maior número de casos de abuso sexual de crianças do mundo: Por cada 155th minutos, uma criança com menos de 16 anos é violada, por cada 13th horas uma criança com menos de 10 anos e uma em cada 10 crianças é abusada sexualmente em qualquer altura. Estudos propõem que mais de 7.200 crianças, incluindo bebés, são violadas todos os anos e acredita-se que muitos casos não são denunciados.

- Um inquérito do Fundo das Nações Unidas para a Educação das Crianças (UNICEF) sobre demografia e saúde, realizado na Índia entre 2005 e 2013, revelou que 10% das raparigas indianas podem ter sofrido violência sexual quando tinham 1014 anos de idade e 30% entre os 15 e os 19 anos. No total, cerca de 42% das raparigas indianas sofreram o trauma da violência sexual antes da adolescência.

- O primeiro estudo sobre o abuso sexual de crianças na Índia foi efectuado pela Recovery and Healing from Incest, uma organização não governamental (ONG) indiana, em 1998. A maioria (76%) dos participantes referiu ter sido vítima de abusos durante a infância ou a adolescência.

- Em 2007, o Ministério das Mulheres e do Desenvolvimento Infantil da Índia efectuou um estudo que abrangeu 13 estados. O estudo indicou que cerca de 21% dos participantes foram expostos a formas extremas de abuso sexual. Entre os participantes que declararam ter sido vítimas de abusos, 57,3% eram rapazes e 42,7%

eram raparigas, sendo que cerca de 40% tinham entre 5 e 12 anos de idade. Cerca de metade dos participantes foram expostos a outras formas de abuso sexual.

Ato

- Abuso por contacto: toque nos seios, carícias genitais/anais, masturbação, sexo oral, contacto penetrativo ou não penetrativo com o ânus ou os genitais, encorajamento da criança a praticar tais actos no agressor ou noutra pessoa, envolvimento da criança em actividades com fins pornográficos ou de prostituição. A gravidez ou as doenças venéreas podem ser as sequelas de abusos sexuais repetidos

- Abuso sem contacto: exibicionismo, voyeurismo, exposição a imagens pornográficas ou sexuais, fotografias inadequadas ou representações de comportamentos ou comentários sexuais ou sugestivos. [12]

SINAIS E SINTOMAS[29]

Condition or suspected act	Physical signs	Etiology	Testing procedures	Treatment/actions
Gonorrhea	Pharyngitis or tonsillitis or gingivitis or asymptomatic orally; conjuctivitis	Neisseria Gonorrhea	Oral swabs and culturing on Thayer-Martin or Transgrow media	Procaine Penicillin G and Probenicid or Tetracycline
Syphilis, primary	Chancre Lymphodenopathy	Treponema Pallidum (21 days post inoculation)	Dark field microscopy. VDRL, RPR, ART serological tests	Benzathine Penicillin G or Procaine Penicillin G or Erythromycin, Tetracycline
Syphilis, secondary	Lymphadenopathy, maculopapular rash, mucous patch, condylomata lata	Same as above (2-8 weeks postchancre)		

Herpes	Oral and perioral vesicles leading to ulcerations	Herpes Simplex Virus type I and II	Immunological differentiation of type I and II	supportive
Venereal warts (condyloma accuminata)	Papilloma like lesions on tongue, lips, palate, gingiva	Papovirus	Not suggested	Excision on the base of lesion
Chlamydia	Conjunctivitis Asymptomatic orally pneumonia (from oropharyngeal carriage)	Chlamydia Trachomatis	Specialized tissue culture systems	Sulfonamides or Tetracyclines or Erythromycin
Orogenital contact	Presence of physical trauma or pubic hair	Oral penetration (with or without ejaculation)	Wet mount microscopic examination for motile sperm. Air dried slides of sperm Acid phosphatase Wood's lamp test for fluorescence Swab of area of suspected semen and preserve swab in saline for typing.	supportive

As lesões vesiculares, eritematosas ou ulcerativas podem ser causadas por doenças sexualmente transmissíveis, como a sífilis, a gonorreia e a clamídia, que também podem ser observadas na cavidade oral.

As áreas petequiaisZecchymotic no palato ou o frénulo rasgado (labial ou lingual) podem ser um sinal de fellatio ou cunnilingus. As lesões associadas ao VIH/SIDA também devem ser excluídas.

A dificuldade em andar ou sentar-se ou o medo extremo de um exame dentário, particularmente num paciente que tenha sido complacente em visitas anteriores, também pode ser um sinal de que algo está errado e deve levar a um exame ou inquérito adicional.[8]

Embora a cavidade oral seja um local frequente de abuso sexual em crianças, são raras as lesões ou infecções orais visíveis. Em caso de suspeita de contacto oral-genital, recomenda-se o encaminhamento para centros clínicos especializados, equipados para realizar exames completos.

A gonorreia oral e perioral em crianças pré-púberes, diagnosticada com técnicas de cultura adequadas e testes de confirmação, é patognomónica de abuso sexual, mas é rara entre as raparigas pré-púberes avaliadas por abuso sexual. A gonorreia faríngea é frequentemente assintomática. Quando o contacto oral-genital é confirmado pela história ou pelos achados do exame, o teste universal para doenças sexualmente transmissíveis na cavidade oral é controverso; o médico deve considerar os factores de risco (por exemplo, abuso crónico, agressor com uma doença sexualmente transmissível conhecida) e a apresentação clínica da criança para decidir se deve realizar esse teste. Embora a infeção pelo papilomavírus humano possa resultar em verrugas orais ou periorais, o modo de transmissão permanece incerto e discutível. As infecções pelo papilomavírus humano podem ser transmitidas sexualmente através do contacto oral-genital, transmitidas verticalmente da mãe para o bebé durante o parto ou transmitidas horizontalmente através do contacto não sexual da mão de uma criança ou de um prestador de cuidados com os órgãos genitais ou a boca.

Lesões inexplicáveis ou petéquias do palato, particularmente na junção do palato duro e mole, podem ser provas de sexo oral forçado. Tal como acontece com todas as suspeitas de abuso ou negligência de crianças, quando se suspeita ou se diagnostica abuso sexual numa criança, o caso deve ser comunicado aos serviços de proteção à criança e/ou às autoridades policiais para investigação. Deve ser iniciada uma avaliação multidisciplinar da criança e da família.[6]

Indicadores físicos e comportamentais de abuso :[32]

PHYSICAL INDICATORS	BEHAVIOURAL INDICATORS
Unexplained genital injury	Regression in behaviour, school performance or attaining developmental milestones
Recurrent vulvovaginitis	Acute traumatic response such as clingy behaviour and irritability in young children
Vaginal or penile discharge	Sleep disturbances
Bedwetting and fecal soiling beyond the usual age	Eating disorders
Anal complaints (e.g. fissures, pain, bleeding)	Problems at school
Pain on urination	Social problems
Urinary tract infection	Depression
STI	Poor self-esteem
pregnancy	Inappropriate sexualized behaviour
Presence of sperm	

Abuso sexual de crianças: O perpetrador

O perpetrador de abuso sexual já não é considerado o estranho impessoal que vitima uma criança desconhecida. O número de agressões sexuais perpetradas por pessoas conhecidas da criança aumentou drasticamente. Em 1980, as estatísticas de 30 Estados revelaram que os pais representavam mais de 90% dos agressores familiares. Outros estudos confirmaram que, numa grande proporção dos casos de abuso sexual, o agressor é familiar ou conhecido da vítima. O tipo de abuso pode caraterizar o agressor. O incesto é mais frequentemente cometido por um progenitor masculino contra uma criança do sexo feminino. O pai pode ter um de vários perfis. Ele pode ser abusivo ou tímido e retraído; problemas sexuais com o cônjuge e alcoolismo também podem fazer parte do perfil. O incesto entre mãe e filho ou entre pai e filho é menos comum, mas também indica patologia psicológica. Os abusadores sexuais tendem a ser adultos jovens e racialmente semelhantes às suas vítimas, reforçando o conceito de que a maioria dos abusos sexuais ocorre entre pessoas que se conhecem.[30]

Abuso sexual de crianças: O papel do dentista pediátrico

O papel do dentista pediátrico no abuso sexual de crianças não é tão claro como noutras formas de abuso e negligência infantil. Vários factores complicam a vontade e a capacidade do dentista para identificar o abuso sexual de crianças ou lidar com suspeitas:

1. O abuso sexual de crianças ocorre muitas vezes sem que se verifiquem sinais físicos.
2. O dentista pode não estar disposto a abordar a questão do abuso sexual devido à sua volatilidade e possíveis repercussões negativas.
3. Muitas vezes, os dentistas não estão equipados para efetuar os testes necessários para obter dados de corroboração, como a presença de esperma ou culturas positivas para organismos infecciosos.
4. Os dentistas podem não estar conscientes das manifestações orais da doença venérea ou de outras lesões sexuais orais.
5. A natureza transitória de lesões como a gonorreia oral e o trauma intra-oral diminuem a probabilidade de identificação e verificação de um episódio.

Alguns sinais e sintomas de abuso sexual de crianças que podem alertar um dentista pediátrico

a considerar uma avaliação mais aprofundada são os seguintes:

1. Um historial de agressão sexual
2. Achados físicos da doença venérea

3. Gravidez numa criança com menos de 12 anos de idade
4. Sinais de abuso físico
5. Relatórios diretos das crianças.[31]

Um indicador de segundo nível que pode sugerir abuso sexual inclui a preocupação da criança com o sexo ou um interesse sexual precoce, ou atividade masturbatória indiscreta. O abuso sexual pode ser acompanhado por uma série de outras alterações psicológicas, mas estas são variadas e numerosas e podem ir desde dificuldades de alimentação em bebés até à promiscuidade ou prostituição no adolescente. As associações comportamentais inespecíficas incluem o afastamento e o isolamento social, o insucesso escolar, a distorção da imagem corporal e a baixa autoestima. Estas observações na identificação do abuso sexual de crianças são, na melhor das hipóteses, especulativas.[30]

O papel legal do dentista pediátrico no abuso de crianças deve ser claro a partir do estatuto do estado em que o médico reside. Menos claro é o ponto a partir do qual o dentista deve suspeitar de abuso sexual de crianças, procurar recolher documentação médico-legal e iniciar o processo de denúncia. Talvez a melhor abordagem seja a honestidade, tendo como principal motivação o interesse da criança. Para o odontopediatra que examina uma criança com sinais ou indícios claros de abuso sexual ou físico, a ativação do protocolo comunitário de denúncia de abuso infantil é a abordagem de eleição.

A recolha do historial e o exame em caso de suspeita de abuso sexual de crianças devem ser feitos na presença de outro adulto para evitar acusações de má conduta sexual contra o dentista. O exame físico deve limitar-se às áreas consideradas da competência do dentista e deve ser efectuado na presença ou em consulta com outros profissionais. O encaminhamento para um exame completo ou para corroboração pode ser do interesse de todas as partes envolvidas.[30]

ABUSO EMOCIONAL

A **Organização Mundial de Saúde (OMS) definiu** os maus tratos emocionais da seguinte forma: **"Os maus-tratos emocionais incluem a incapacidade de proporcionar um ambiente de apoio adequado ao desenvolvimento, incluindo a disponibilidade de uma figura de vinculação primária, para que a criança possa desenvolver uma gama estável e completa de competências emocionais e sociais proporcionais às suas potencialidades pessoais e no contexto da sociedade em que a criança vive."**

Pode também incluir actos como a restrição de movimentos, padrões de depreciação e denegrimento, bode expiatório, ameaça, amedrontamento, discriminação, ridicularização ou outras formas não físicas de tratamento hostil ou de rejeição para com a criança que causem ou tenham uma elevada probabilidade de causar danos à saúde ou ao desenvolvimento físico, mental, espiritual, moral ou social da criança. Embora seja difícil de diagnosticar, uma criança vítima de maus tratos emocionais pode apresentar indicadores comportamentais e físicos, como falta de autoestima, fracas aptidões sociais, frequentemente sentimentos anti-sociais, atrasos no desenvolvimento, tendências passivas/agressivas, extremos de comportamento, nervosismo acentuado que se manifesta frequentemente em perturbações de hábitos como chuchar e balançar, e lesões auto-infligidas como morder os lábios ou as bochechas. Uma em cada duas crianças referiu ter sofrido maus tratos emocionais, e uma percentagem igual de raparigas e rapazes referiu ter sofrido maus tratos emocionais. Em 83% dos casos, os pais foram os agressores. Por último, 48,4 % das raparigas desejavam ser rapazes.[7]

NEGLIGÊNCIA INFANTIL

Negligência nutricional

- O relatório do Institute of MedicineZNational Research Council "New Diretions in Child Abuse and Neglect" reafirma que a negligência (e outras formas de maus tratos) pode ter impacto nas crianças ao longo da vida, muitas vezes dependendo do momento, da cronicidade e da gravidade da negligência.
- A negligência tem uma longa associação com o baixo peso, muitas vezes atribuída à falta de conhecimento, depressão ou incapacidade do cuidador para satisfazer as necessidades nutricionais e de desenvolvimento das crianças, o que faz com que as crianças não recebam calorias adequadas.[33]
- A negligência nutricional pode representar uma falha na apreciação das necessidades da criança ou uma falha de comunicação entre a criança e o prestador de cuidados.
- Nos tempos modernos, a negligência nutricional das crianças pode conduzir quer a crianças subnutridas, especialmente nos países em desenvolvimento, quer a crianças obesas nos países desenvolvidos.[34]
- As categorias de crianças que podem ser negligenciadas do ponto de vista nutricional são:[34]

1. Bebés prematuros
2. Crianças com doenças terminais;
3. Crianças que sofreram traumas psicológicos;
4. Crianças vítimas de abusos graves.

Negligência nos cuidados de saúde:[35]

- A negligência em matéria de cuidados de saúde ocorre quando as necessidades básicas de cuidados de saúde das crianças não são satisfeitas. Esta definição alargada centra-se nas necessidades básicas das crianças e não nas omissões dos pais em matéria de cuidados.
- Uma necessidade básica de cuidados de saúde é uma necessidade que, quando não é satisfeita, põe em risco ou prejudica a saúde de uma criança de forma significativa.
- Belsky (1980) propôs uma teoria ecológica de factores múltiplos e interactivos a nível individual (pais e filhos), familiar, comunitário e social como etiologia da negligência em matéria de saúde infantil.
- A forma mais comum de negligência nos cuidados de saúde envolve a falta de adesão a consultas, tratamentos ou recomendações de cuidados de saúde, resultando em danos reais ou potenciais.
- Além disso, o atraso na procura de cuidados médicos para uma criança constitui, por vezes, negligência.
- As situações que envolvem crenças religiosas e cuidados de saúde das crianças também funcionam como uma barreira.

Negligência de segurança:[36]

- Embora a maior parte dos acidentes se deva a uma falha de segurança e, teoricamente, pudesse ter sido evitada, a interrupção do acontecimento fatídico teria exigido uma previsão e um timing invulgares por parte dos pais ou do prestador de cuidados. Estes acidentes são legítimos e todas as crianças os têm.

- No entanto, a negligência em matéria de segurança ocorre quando as lesões resultam de uma falta grosseira de supervisão. Estas situações envolvem geralmente crianças com menos de 4 anos de idade, altura em que é importante que os pais ou os encarregados de educação as supervisionem diretamente.
- Demasiadas vezes ocorrem queimaduras, envenenamentos, quedas e outros acidentes evitáveis em crianças porque não estavam a ser vigiadas. A partir dos 4 anos, a maioria das crianças tem um certo grau de liberdade, mas a falta grosseira de supervisão indireta pode fazer com que se tornem vítimas de acidentes evitáveis.

Negligência física:[36]

- Alguns definiram a negligência física como a incapacidade de cuidar das crianças de acordo com as normas aceites ou adequadas.
- É fácil confundir a negligência com pobreza, ignorância ou problemas de grande dimensão, porque inclui coisas como cabelo sujo, roupa suja ou inadequada, almoços inadequados, vacinas incompletas, ambientes domésticos pouco higiénicos, ambientes pouco estimulantes, supervisão pós-escolar inadequada e trabalho excessivo.
- As crianças com negligência física devem ser avaliadas quanto à coexistência de abuso físico.
- Também devem ser avaliados quanto à presença ou ausência de perturbações emocionais graves. Em casos de negligência física flagrante, os pais ou cuidadores estão frequentemente muito deprimidos e retraídos.

Negligência dentária

De acordo com a Academia Americana de Odontopediatria, a negligência dentária é definida como a "falha intencional dos pais ou tutores em procurar e seguir o tratamento necessário para assegurar um nível de saúde oral essencial para uma função adequada e livre de dor e infeção"[6] .

A não procura ou obtenção de cuidados dentários adequados pode resultar de factores como o isolamento da família, a falta de recursos financeiros, a ignorância dos pais ou a falta de perceção do valor da saúde oral. O momento em que se deve considerar um progenitor negligente e iniciar uma intervenção ocorre depois de o progenitor ter sido devidamente alertado por um profissional de saúde sobre a natureza e a extensão do estado da criança, o tratamento específico necessário e o mecanismo de acesso a esse tratamento.

Uma vez que muitas famílias enfrentam desafios nas suas tentativas de aceder a cuidados dentários ou a um seguro para os seus filhos, o médico deve determinar se os serviços dentários estão prontamente disponíveis e acessíveis à criança ao considerar se ocorreu negligência.

A cárie dentária, as doenças periodontais e outras doenças orais, se não forem tratadas, podem provocar dor, infeção e perda de função. Estes resultados indesejáveis podem afetar negativamente a aprendizagem, a comunicação, a nutrição e outras actividades necessárias para o crescimento e desenvolvimento normais. Algumas crianças que se apresentam pela primeira vez para cuidados dentários têm cáries graves na primeira infância (anteriormente denominadas cáries do biberão ou cáries de amamentação); os prestadores de cuidados com conhecimentos adequados e que não procuram deliberadamente cuidados devem ser diferenciados dos prestadores de cuidados sem conhecimentos ou consciência da necessidade de cuidados dentários dos seus filhos para determinar a necessidade de denunciar esses casos aos serviços de proteção da criança.

O médico ou dentista deve certificar-se de que os prestadores de cuidados compreendem a explicação da doença e as suas implicações e, quando existem barreiras aos cuidados necessários, tentar ajudar as famílias a encontrar ajuda financeira, transporte ou instalações públicas para os serviços necessários. Os pais devem ser assegurados de que serão utilizados procedimentos analgésicos e anestésicos adequados para garantir o conforto da criança durante os procedimentos dentários. Se, apesar destes esforços, os pais não conseguirem obter terapia, o caso deve ser comunicado à agência de serviços de proteção à criança apropriada.[6]

A escala de negligência dentária (DNS) parece ser um método adequado para objetivar a negligência dentária. Tem um índice de saúde satisfatório, pode ser facilmente medida, aparentemente não é afetada pelo processo de observação e tem de ser manipulada estatisticamente. O DNS para crianças avalia o grau em que um pai ou responsável cuida dos dentes da criança, recebe cuidados dentários profissionais e acredita que a saúde oral é importante. Assim, o DNS ajuda a identificar a razão para a má saúde oral das crianças. Os pais e os adultos responsáveis são as principais pessoas no desenvolvimento das crianças nos primeiros anos de vida. Assim, as intervenções direcionadas para as crenças e atitudes dos pais sobre a saúde oral podem ser benéficas na prevenção de problemas orais, como a cárie dentária.[9]

EFEITOS DA NEGLIGÊNCIA NAS CRIANÇAS[37]

	Infant	Play school	School child	Young person
Physical	FTT, dirty infectious skin nappy rash	Short/thin dirty unkempt thin hair	Short/thin dirty unkempt thin hair	Short/thin/obese, dirty, delayed puberty
Developmental	Generalized delay quiet	Language delay Poor attention immature	Learning difficulties Lacks confidence immature	School failure
Behavioral	Anxious, Avoidant, unresponsive	Overactive Aggressive over friendly	Overactive Aggressive withdrawn No peer or friends Wet, soils the bed	School truancy Smoking, drinking, substance misuse Runs away Sexual precocity Stealing, lying, self-harm

CONSEQUÊNCIAS DO ABUSO DE CRIANÇAS PARA A SAÚDE[13]

Físico

Lesões abdominais-torácicas

Lesões cerebrais

Hematomas e vergões

Queimaduras e escaldões

Lesões do sistema nervoso central

Deficiência

Fracturas

Lacerações e abrasões

Danos oculares

Sexual e reprodutiva

Problemas de saúde reprodutiva

Disfunção sexual

Doenças sexualmente transmissíveis, incluindo o VIH/SIDA

Gravidez indesejada

Psicológico e comportamental

Abuso de álcool e drogas

Perturbação cognitiva

Comportamentos delinquentes, violentos e outros comportamentos de risco

Depressão e ansiedade

Atrasos de desenvolvimento

Perturbações da alimentação e do sono

Sentimentos de vergonha e culpa

Hiperatividade

Relações pobres

Mau desempenho escolar

Baixa autoestima

Perturbação de stress pós-traumático

Doenças psicossomáticas

Comportamento suicida e auto-mutilação

Outras consequências a longo prazo para a saúde

Cancro

Doença pulmonar crónica

Fibromialgia

Síndrome do intestino irritável

Doença cardíaca isquémica

Doença hepática

Problemas de saúde reprodutiva, como a infertilidade

CAUSAS DE MORTE [7]

As causas de morte resultantes de maus tratos a crianças são as seguintes

1. Lesões intracranianas, tais como hematoma subdural, hemorragia subaracnoideia, contusão cerebral.
2. Choque traumático, como uma hemorragia hipodérmica ou intramuscular generalizada
3. Sufocação por bloqueio oronasal, asfixia ou afogamento

4. Fraqueza devido a subnutrição
5. Pneumonia

RESPONDER A UMA CRIANÇA QUANDO ESTA REVELA TER SIDO VÍTIMA DE ABUSO

Em todos os casos em que haja preocupação com o facto de uma criança ou jovem ser ou poder vir a ser vítima de abuso ou negligência por parte de um adulto ou de outra criança ou jovem, é obrigatório comunicá-lo.

O dentista também tem autorização para falar com a Proteção da Criança, do Adolescente e da Família para obter aconselhamento sobre questões relacionadas com a proteção da criança, em qualquer altura. O dentista também tem autorização para falar com a Child, Youth and Family para obter aconselhamento sobre questões relacionadas com a proteção de crianças em qualquer altura '[12]

Listen to the child	Disclosures by children are often subtle and need to be handled with particular care, including an awareness of the child's cultural identity and how that affects interpretation of their behavior and language.
Reassure the child	Let the child know that they: • Are you in trouble? • Have done the right thing
Ask open- ended prompts – e.g., "What happened next?"	Do not interview the child (in other words, do not ask questions beyond open prompts). Do not make promises that can't be kept, e.g., "I will keep you safe now".
If the child is visibly distressed	Provide appropriate reassurance and re-engage in appropriate activities under supervision until they are able to participate in ordinary activities
If the child is not in immediate danger	Re-involve the child in ordinary activities and explain what you are going to do next.
If the child is in immediate danger	Contact the Police immediately
As soon as possible formally record the disclosure	Using the Report of Concern Form formally record: ▪ word for word, what the child said ▪ the date, time and who was present. All written records should be given to the Child Protection Champion for storing in a designated safe place, and for assisting the Child Protection Champion to complete the Child Protection Register

PREVENÇÃO

Independentemente dos métodos de educação infantil utilizados, sabe-se que os castigos físicos são infligidos às crianças, causando-lhes danos emocionais e, por vezes, até mesmo ferimentos sexuais. As famílias podem adotar comportamentos violentos e negligentes que podem influenciar negativamente o desenvolvimento dos seus filhos, de forma intencional ou involuntária, durante o processo de educação. Assim, é necessário lutar pelo reconhecimento, prevenção e intervenção dos maus tratos e da negligência.

Deve ter-se presente que os maus tratos podem ocorrer em qualquer sector da sociedade (família, escola, ou em qualquer instituição ou por qualquer indivíduo). Assim, durante as entrevistas com as crianças, os cuidadores devem reconhecer os sinais precoces dos diferentes tipos de maus-tratos, devem identificar as pessoas e as organizações com quem devem cooperar e devem tomar imediatamente medidas de proteção-prevenção para o futuro.

A identificação das circunstâncias que conduzem ao abuso e à negligência das crianças ajudaria a determinar as famílias em risco. Os pais maltratados ou negligenciados tendem a comportar-se da mesma forma com os filhos e, muitas vezes, exprimem o seu passado abusivo e estão abertos a ajudas Os pais de primeira viagem e os pais muito jovens, que ainda se revoltam contra os seus próprios pais, correm um risco significativo neste domínio.

É possível discutir as medidas preventivas em três grupos: medidas preventivas primárias, secundárias e terciárias. A prevenção primária abrange o trabalho efectuado para evitar a ocorrência de violência, a prevenção secundária inclui o diagnóstico precoce e os estudos de tratamento e a prevenção terciária consiste nos esforços de reabilitação da vítima de violência.

Prevenção primária:

A prevenção primária inclui o trabalho realizado para reduzir a prevalência de casos de violência. Para além dos serviços de saúde, como os cuidados de saúde preventivos, a identificação de grupos de risco, o acompanhamento pré-natal e perinatal, o planeamento familiar e a educação sanitária para os pais, a prevenção primária inclui a expansão das instituições sociais que apoiam as famílias, como os jardins-de-infância, e a luta contra o desemprego e a pobreza. As crianças sem abrigo e as crianças empregadas são frequentemente vítimas de maus tratos. De facto, é possível que uma grande parte destas crianças prefira viver na rua por ter sido vítima de maus tratos em casa. Assim, é importante conhecer estes grupos de risco e lidar com eles em primeiro lugar. Devem ser desenvolvidas abordagens que apoiem os pais. As parteiras, os enfermeiros e os médicos podem avaliar inicialmente a família no que diz respeito aos riscos durante as visitas domiciliárias e podem ajudá-los a identificar e a resolver os problemas relacionados. A família poderia ser avaliada quanto a gravidez indesejada, parto fora do casamento, pais jovens, psicologia dos pais e quaisquer deficiências na família durante os períodos pré-natal e perinatal para determinar os riscos e poderiam ser planeadas visitas de apoio para as famílias de risco. Nestas visitas, podem ser identificadas as necessidades das famílias e desenvolvidas as intervenções necessárias. Por exemplo, poderiam ser proporcionados aos jovens pais programas de formação sobre cuidados infantis e educação. Para os pais separados ou com problemas financeiros, poderiam ser desenvolvidos programas de apoio psicológico em cooperação com assistentes sociais e psicólogos.[10]

Prevenção secundária:

- Inclui o diagnóstico precoce, a terapia adequada e o acompanhamento das crianças vítimas de maus tratos. O diagnóstico precoce e o tratamento eficaz das crianças vítimas de maus-tratos reduziriam a dimensão dos danos que estas sofreriam. 30 a 50% dos casos de abuso que não foram diagnosticados na primeira aplicação ficariam traumatizados e 5 a 10% perder-se-iam devido a traumas recorrentes.[10]
- As actividades de prevenção secundária concentram esforços e recursos em crianças e famílias que se sabe estarem em maior risco de maus-tratos.
- Os programas podem dirigir serviços a comunidades ou bairros com elevada incidência de um ou vários factores de risco. Exemplos de programas de prevenção secundária incluem os seguintes:

• Programas de educação parental localizados em escolas secundárias para mães adolescentes;

• Programas de tratamento de abuso de substâncias para pais com filhos pequenos;

• Cuidados temporários para famílias que têm crianças com necessidades especiais;

• Centros de recursos familiares que oferecem serviços de informação e encaminhamento a famílias com baixos rendimentos

bairros.[38]

Prevenção terciária:

- Inclui esforços para reduzir os danos, para evitar a sua repetição, para proporcionar terapia e reabilitação. Tanto os abusadores como os abusados devem ser tratados e reabilitados.[10]
- As actividades de prevenção terciária concentram esforços nas famílias em que já ocorreram maus-tratos. O objetivo destes programas é evitar que os maus-tratos voltem a ocorrer e reduzir as consequências negativas associadas aos maus-tratos (por exemplo, problemas sócio-emocionais nas crianças, menor rendimento escolar, diminuição do funcionamento familiar).

Estes programas de prevenção podem incluir serviços como:

• Serviços intensivos de preservação da família com conselheiros de saúde mental formados, disponíveis para as famílias 24 horas por dia durante várias semanas;

• Programas de mentores de pais com famílias estáveis e não abusivas que actuam como "modelos" e fornecem

apoio às famílias em crise;

• Serviços de saúde mental para crianças e famílias afectadas por maus-tratos para melhorar a comunicação e o funcionamento da família.[38]

SÍNDROMES ASSOCIADAS AO ABUSO E NEGLIGÊNCIA DE CRIANÇAS

SÍNDROME DA CRIANÇA MALTRATADA

O termo síndrome da criança maltratada foi cunhado por Kempe et al. para caraterizar a manifestação clínica de maus tratos físicos graves em crianças pequenas. [13]A síndrome da criança maltratada é uma condição clínica em crianças pequenas que sofreram abuso físico grave, geralmente por parte de um dos pais ou de um pai adotivo. A condição também tem sido descrita como "trauma não reconhecido" por radiologistas, ortopedistas, pediatras e assistentes sociais. É uma causa significativa de incapacidade e morte na infância. Infelizmente, muitas vezes não é reconhecida ou, se diagnosticada, é tratada de forma inadequada pelo médico devido à hesitação em levar o caso à atenção das autoridades competentes.[14]

Manifestações clínicas

As manifestações clínicas do síndroma da criança agredida variam muito, desde os casos em que o traumatismo é muito ligeiro e é frequentemente insuspeito e reconhecido, até aos casos em que há uma evidência mais evidente de lesão dos tecidos moles e do esqueleto. No primeiro grupo, pode considerar-se que os sinais e sintomas dos doentes resultaram de uma incapacidade de crescimento devido a outra causa ou que foram produzidos por uma perturbação metabólica, um processo infecioso ou qualquer outra perturbação. Nestes doentes, os achados específicos de traumatismo, tais como hematomas ou alterações radiológicas caraterísticas, tal como descrito abaixo, podem ser mal interpretados e o seu significado não ser reconhecido.

Idade: A síndrome da criança agredida pode ocorrer em qualquer idade, mas, em geral, as crianças afectadas têm menos de 3 anos[14] . Verifica-se uma predominância do sexo masculino (55% - 67%).[15]

Caraterísticas: Nalguns casos, as manifestações clínicas limitam-se às resultantes de um único episódio de traumatismo, mas mais frequentemente o estado geral de saúde da criança é inferior ao normal e ela apresenta indícios de negligência, incluindo má higiene da pele, múltiplas lesões dos tecidos moles e subnutrição. É frequente obter-se uma história de episódios anteriores sugestivos de negligência parental ou de traumatismo. Uma discrepância acentuada entre os achados clínicos e os dados históricos fornecidos pelos pais é uma das principais caraterísticas diagnósticas da síndrome da criança agredida. O facto de não ocorrerem novas lesões, quer nos tecidos moles, quer nos ossos, enquanto a criança está no hospital ou num ambiente protegido, reforça o diagnóstico e tende a excluir muitas doenças do sistema esquelético ou hematopoiético, nas quais as lesões podem ocorrer espontaneamente ou após pequenos traumatismos. O hematoma subdural, com ou sem fratura do crânio, é, na nossa experiência, um achado extremamente frequente, mesmo na ausência de fracturas dos ossos longos. Num caso ocasional, o progenitor ou o substituto do progenitor pode também ter agredido a criança através da administração de uma overdose de uma droga ou da exposição da criança a gás natural ou a outras substâncias tóxicas. A distribuição caraterística destas fracturas múltiplas e a observação de que as lesões se encontram em diferentes fases de cicatrização são de valor adicional para o diagnóstico.

Na maioria dos casos, as lesões ósseas de diagnóstico são observadas acidentalmente durante o exame para outros fins que não a avaliação de possíveis abusos. Ocasionalmente, o exame após uma lesão conhecida revela sinais de outro envolvimento esquelético insuspeito. Quando se considera a possibilidade de agressão parental, o exame radiológico de todo o esqueleto pode fornecer uma confirmação objetiva. Após o diagnóstico, o exame radiológico pode documentar a cicatrização das lesões e revelar o aparecimento de novas lesões, caso tenha sido infligido um traumatismo adicional.

As manifestações radiológicas de traumas em estruturas esqueléticas em crescimento são as mesmas, independentemente de haver ou não história de lesão. No entanto, existe relutância por parte de muitos médicos em aceitar os sinais radiológicos como indicações de traumatismos repetitivos e possíveis maus-tratos. Esta relutância resulta da relutância emocional do médico em considerar o abuso como a causa da dificuldade da criança e também devido à falta de familiaridade com certos aspectos da consolidação de fracturas, pelo que não tem a certeza do significado das lesões presentes. Para o médico informado, os ossos contam uma história que a criança é demasiado jovem ou está demasiado assustada para contar.

Técnicas de avaliação

Os médicos devem ter um elevado nível de suspeição inicial do diagnóstico da síndrome da criança espancada em casos de hematoma subdural, fracturas múltiplas inexplicáveis em diferentes fases de cicatrização, atraso no crescimento, quando estão presentes inchaços dos tecidos moles ou hematomas cutâneos, ou em qualquer outra situação em que o grau e o tipo de lesão não coincidam com a história apresentada relativamente à sua ocorrência, ou em qualquer criança que morra subitamente. Quando se coloca o problema dos maus tratos parentais, o médico deve dizer aos pais que, na sua opinião, a lesão não deveria ter ocorrido se a criança estivesse adequadamente protegida, e deve indicar que gostaria que os pais lhe contassem toda a história, para que ele pudesse ajudá-los a evitar que ocorrências semelhantes se repitam no futuro. A ideia de que agora podem ajudar a criança, fornecendo uma história muito completa das circunstâncias que rodearam a lesão, ajuda por vezes os pais a sentirem que estão a expiar o mal que fizeram. Mas em muitos casos, independentemente da abordagem utilizada na tentativa de obter uma história completa do(s) incidente(s) abusivo(s), os pais continuarão a negar que foram culpados de qualquer ato errado. Ao falar com os pais, o médico pode, por vezes, obter informações adicionais, mostrando que compreende o seu problema e que deseja ajudá-los, bem como à criança. Pode ajudá-los a revelar as circunstâncias das lesões, apontando as razões que podem utilizar para explicar as suas acções. Se for sugerido que "os novos pais por vezes perdem a calma e são demasiado enérgicos nas suas acções", os pais podem entender essa afirmação como uma desculpa para as suas acções. O interrogatório não deve ser zangado ou hostil, mas sim compreensivo e calmo, com a indicação do médico de que o diagnóstico está bem estabelecido com base em resultados objectivos e que todas as partes, incluindo os pais, têm a obrigação de evitar a repetição das circunstâncias que levaram ao trauma. O médico deve reconhecer que o facto de trazer a criança para ser atendida por si só não indica necessariamente que os pais são inocentes e que estão a demonstrar uma preocupação adequada; o trauma pode ter sido infligido durante momentos de raiva temporária incontrolável. Independentemente da relutância pessoal do médico em se envolver, é necessária uma investigação completa para a proteção da criança, de modo a que possa ser tomada uma decisão quanto à necessidade de a colocar longe dos pais até que as questões sejam totalmente esclarecidas. Muitas vezes, o progenitor culpado é aquele que dá a impressão de ser o mais normal.

Caraterísticas Radiológicas

O exame radiológico desempenha dois papéis principais no problema do abuso de crianças. Inicialmente, é uma ferramenta para a descoberta de casos e, subsequentemente, é útil como guia no tratamento.

Os sinais de diagnóstico resultam de uma combinação de circunstâncias: idade do doente, natureza da lesão, tempo decorrido até à realização do exame e se o episódio traumático foi repetido ou ocorreu apenas uma vez.

Idade - regra geral, as crianças têm menos de 3 anos de idade; a maioria, de facto, são bebés. Neste grupo etário, a quantidade relativa de cartilagem radiolucente é grande; por conseguinte, as rupturas anatómicas da cartilagem sem deformidade grosseira são radiologicamente invisíveis ou difíceis de demonstrar. Uma vez que o peristeu dos bebés está menos firmemente ligado ao osso subjacente do que o das crianças mais velhas e dos adultos, é mais fácil e extensivamente removido da haste por hemorragia do que nos doentes mais velhos. Na infância, hematomas subperistálticos maciços podem seguir-se a uma lesão e elevar o periósteo ativo, de modo a que a formação de novo osso possa ocorrer à volta e à distância da haste parental.

Natureza da investigação - A facilidade e a frequência com que uma criança é agarrada pelos braços ou pernas fazem com que as lesões do esqueleto apendicular sejam as mais comuns nesta síndrome. Mesmo quando existem lesões ósseas noutros locais, por exemplo, crânio, coluna vertebral ou costelas, os sinais de lesões nas extremidades estão normalmente presentes. As extremidades são as "pegas" para o manuseamento brusco, quer o braço seja puxado para pôr uma criança relutante de pé ou para acelerar a sua subida de escadas, quer as pernas sejam seguradas enquanto se balança o pequeno corpo de forma punitiva ou numa tentativa de impor medidas corretivas. As forças aplicadas por uma mão adulta ao agarrar e prender envolvem normalmente tração e torção: estas são as forças mais susceptíveis de produzir separações epifisárias e cisalhamento periosteal. As fracturas da diáfise resultam de golpes diretos ou de forças de flexão e compressão.

Tempo após a lesão em que é efectuado o exame de raios X - Este aspeto é importante na avaliação de casos conhecidos ou suspeitos de abuso de crianças. A menos que se tenham produzido fracturas grosseiras, luxações ou separações epifisárias, não se encontram sinais de lesão óssea durante a primeira semana após uma determinada lesão. As alterações reparadoras podem manifestar-se pela primeira vez cerca de 12 a 14 dias após a lesão e podem aumentar nas semanas seguintes, dependendo da extensão da lesão inicial e do grau de repetição. As alterações reparadoras são mais activas nos ossos em crescimento das crianças do que nos adultos e reflectem-se radiologicamente na reação excessiva de osso novo. Histologicamente, a reação tem sido confundida com uma alteração neoplásica por aqueles que não estão familiarizados com as reacções vigorosas do tecido jovem em crescimento.

Repetição da lesão - Este é provavelmente o fator mais importante na produção de sinais radiológicos de diagnóstico da síndrome. Os achados podem depender da diminuição da imobilização de um osso lesionado, o que leva a macro e microtraumas recorrentes na área da lesão e da cicatrização, com reação local e hemorragia excessivas e, por fim, reparação exagerada. Em segundo lugar, a lesão repetitiva pode produzir lesões ósseas numa área num determinado momento e noutra área noutro momento, produzindo lesões em várias áreas e em diferentes fases de cicatrização.

Assim, as caraterísticas radiológicas clássicas do síndroma da criança maltratada são normalmente encontradas no esqueleto apendicular em crianças muito jovens. Pode haver irregularidades de mineralização nas metáfises de alguns dos principais ossos tubulares com ligeiro desalinhamento do centro de ossificação epifisária adjacente. Pode estar presente uma fratura evidente num outro osso. Noutros locais, pode haver uma reação subperiosteal abundante e ativa, mas bem calcificada, com alargamento do eixo em direção a uma extremidade do osso. Um ou mais ossos podem demonstrar corticais distintamente espessadas, resíduos de reacções peristeais previamente cicatrizadas. Além disso, podem estar presentes as caraterísticas radigráficas de um hematoma subdural com ou sem fratura craniana evidente.

Diagnóstico diferencial-

As caraterísticas radiológicas são tão distintas que outras doenças são geralmente consideradas apenas devido à relutância em aceitar as implicações da lesão óssea. A menos que certos aspectos da cicatrização óssea sejam considerados, os achados pertinentes podem passar despercebidos. Em muitos casos, o exame roentgenográfico só é efectuado logo após a lesão conhecida; se for detectada uma fratura, o reexame é feito após dedução e imobilização; e, se tiver sido obtido um posicionamento satisfatório, o exame seguinte não é normalmente efectuado durante um período de 6 semanas, quando o gesso é retirado. Quaisquer filmes de intervalo que possam ter sido realizados antes deste período seriam provavelmente insatisfatórios, uma vez que os pormenores das lesões ósseas teriam sido obscurecidos pelo gesso. Se for observada fragmentação e produção óssea, estas são consideradas como evidência de reparação e não como manifestações de traumatismos múltiplos ou repetitivos. Se não existir uma fratura evidente ou o conhecimento da lesão, as alterações ósseas podem ser consideradas como resultado de escorbuto, sífilis, hiperostose cortical infantil ou outras condições. A distribuição das lesões na criança maltratada não está relacionada com as taxas de crescimento; além disso, uma lesão extensa pode apresentar-se na extremidade de crescimento lento de um osso que, de outro modo, é normalmente mineralizado e não mostra qualquer evidência de distúrbio metabólico na sua extremidade de crescimento rápido.

O escorbuto é frequentemente sugerido como diagnóstico alternativo, uma vez que também produz grandes hemorragias subperiosteais calcificantes devido a traumatismo e exagero local mais acentuado em áreas de crescimento rápido. No entanto, o escorbuto é uma doença sistémica em que todos os ossos apresentam a osteoporose generalizada associada à doença. A história alimentar da maior parte das crianças com traumatismos reconhecidos não apresenta anomalias grosseiras e, sempre que se determinou o teor de vitamina C no sangue, este foi normal.

Nos primeiros meses de vida***, a sífilis*** pode resultar em lesões metafisárias e periosteais semelhantes às que estão a ser discutidas. No entanto, as lesões ósseas da sífilis tendem a ser simétricas e são normalmente acompanhadas por outros estigmas da doença. Em casos duvidosos, devem ser efectuados testes serológicos.

A osteogénese imperfeita também tem alterações ósseas que podem ser confundidas com as devidas a traumatismos, mas também é uma doença generalizada e a evidência da doença deve estar presente nos ossos que não estão envolvidos na reação disruptivaprodutiva. Mesmo quando estão presentes fracturas do crânio, o padrão de ossificação em mosaico da abóbada craniana, caraterístico da osteogénese imperfeita, não é observado na síndrome da criança espancada. As fracturas na osteogénese imperfeita são normalmente dos eixos; na síndrome da criança maltratada ocorrem normalmente nas regiões metafisárias. As escleróticas azuis, as deformações esqueléticas e a história familiar de anomalias semelhantes não foram observadas nos casos relatados de crianças com traumatismo não reconhecido.

Podem ocorrer lesões diafisárias produtivas na ***hiperostose cortical infantil,*** mas as lesões metafisárias de traumas não reconhecidos servem facilmente para diferenciar as duas condições. O envolvimento mandibular caraterístico da hiperostose cortical infantil não ocorre após o trauma, embora possa ocorrer uma fratura mandibular óbvia.

A evidência de que o traumatismo repetitivo não reconhecido é a causa das alterações ósseas encontradas na síndrome da criança agredida deriva, em parte, da constatação de que estão presentes achados radiológicos semelhantes em doentes paraplégicos com défice sensorial e em doentes com indiferença congénita à dor, em ambos os quais operam mecanismos patogénicos semelhantes. Em crianças paraplégicas, lesões não valorizadas resultaram em quadros radiológicos com rarefacções metafisárias irregulares, formação exagerada de novo osso subperiosteal e cicatrização final com espessamento residual da cortical externa, comparáveis aos da síndrome da criança espancada. Em adultos paraplégicos, pode formar-se calo excessivo como consequência da falta de imobilização, e a lesão pode ser erradamente diagnosticada como sarcoma osteogénico. Em crianças com indiferença (ou insensibilidade) congénita à dor, podem ser encontradas manifestações radiológicas idênticas.

Em resumo, as manifestações radiológicas do traumatismo são específicas e as lesões metafisárias, em particular, não ocorrem em nenhuma outra doença de que tenhamos conhecimento. Os achados permitem um diagnóstico radiológico mesmo quando a história clínica parece refutar a possibilidade de traumatismo. Nestas circunstâncias, a história clínica deve ser revista e o ambiente da criança deve ser cuidadosamente investigado.

Gestão

A principal preocupação do médico deve ser a de fazer o diagnóstico correto, de modo a poder instituir uma terapia adequada e garantir que um acontecimento semelhante não voltará a ocorrer. O médico deve comunicar um possível traumatismo intencional à polícia ou a qualquer serviço especial de proteção de crianças que funcione na sua comunidade. O relatório que fizer deve limitar-se às conclusões objectivas que possam ser verificadas e, sempre que possível, deve ser apoiado por fotografias e radiografias. No caso de doentes hospitalizados, o diretor do hospital e o serviço social devem ser notificados. Em muitos estados, o hospital também é obrigado a comunicar qualquer caso de possível lesão inexplicável às autoridades competentes. O médico deve familiarizar-se com as instalações disponíveis em organismos públicos e privados que prestam serviços de proteção às crianças. Estes incluem sociedades humanas para crianças, divisões de departamentos de bem-estar e sociedades para a prevenção da crueldade contra crianças. Estas, bem como o departamento de polícia, mantêm uma estreita ligação com o tribunal de menores. Qualquer um destes organismos pode ajudar a apresentar o caso ao tribunal, que é o único com poder legal para sustentar uma petição de dependência para separação temporária ou permanente da criança da guarda dos pais. Para além da investigação jurídica, é geralmente útil proceder a uma avaliação dos factores psicológicos e sociais do caso; esta avaliação deve ser iniciada enquanto a criança ainda se encontra no hospital. Se necessário, deve ser obtida uma ordem judicial para que essa investigação possa ser efectuada.

Em muitos casos, o regresso imediato da criança a casa é contraindicado devido à ameaça que o trauma adicional representa para a saúde e a vida da criança. A colocação temporária em casa de familiares ou num lar de acolhimento bem supervisionado é muitas vezes indicada para evitar mais lesões trágicas ou a morte de uma criança que é devolvida demasiado cedo ao ambiente perigoso original. Com demasiada frequência, apesar da aparente cooperação dos pais e do seu aparente desejo de ter a criança consigo, a criança regressa à sua casa apenas para ser novamente agredida e sofrer danos cerebrais permanentes ou morrer. Por conseguinte, o preconceito deve ser a favor da segurança da criança; tudo deve ser feito para evitar a repetição do traumatismo e o médico não deve dar-se por satisfeito em reenviar a criança para um ambiente onde exista um risco, mesmo moderado, de repetição.[14]

SÍNDROME DE MUNCHAUSEN POR PROCURAÇÃO

A síndrome de Munchausen por procuração (MSBP) é uma forma de abuso infantil em que o agressor, normalmente a mãe, provoca intencionalmente uma doença no seu próprio filho. O objetivo do agressor é normalmente satisfazer a sua própria necessidade psicológica de atenção ou simpatia, bem como o seu desejo de manter o seu papel de cuidador.[16]

Em 1977, o termo Síndrome de Munchausen por Procuração (MSBP) foi cunhado pela primeira vez pelo pediatra Roy Meadow, um inglês, quando publicou um relatório sobre uma nova forma de abuso infantil, depois de a síndrome ter sido relatada pela primeira vez por Asher em 1951. Descreve a produção deliberada, ou fingimento, de sintomas físicos ou psicológicos noutra pessoa que está sob os cuidados do indivíduo. O pediatra deve ter um elevado índice de suspeição em relação a esta entidade, uma vez que, na prática clínica, esta produz frequentemente um dilema diagnóstico. A perturbação pode ser ligeira, quando é fornecida uma história clínica falsa, ou grave, quando os pais podem efetivamente induzir o sintoma na criança. A fabricação de uma doença pediátrica é uma forma de abuso e não apenas uma perturbação da saúde mental, e existe a possibilidade de um prognóstico extremamente mau se a criança for deixada em casa. É uma forma de abuso infantil que se apresenta ao longo de um continuum que vai do ligeiro ao grave. Nos casos graves, em que a criança está claramente a ser prejudicada por acções causadas ou instigadas por adultos, a resposta adequada é recorrer aos sistemas de proteção da criança e aos sistemas jurídicos. O Royal College of Pediatrics and Child Health sugere uma nova nomenclatura, ou seja, doença fabricada ou induzida por profissionais de saúde, deslocando o enfoque para o abuso de crianças que ocorre em ambiente médico. Esta nomenclatura minimiza os danos causados à criança, independentemente da motivação do agressor. Os serviços de proteção da criança e os serviços jurídicos podem ser envolvidos, dependendo da gravidade do MSBP. Recorremos ao sistema de apoio familiar, ou seja, à mãe, de modo a colocar a criança em segurança junto da família. Conclui-se que os profissionais de saúde devem considerar a possibilidade de MSBP juntamente com o seu diagnóstico diferencial primário, em vez de um diagnóstico por exclusão. [17]

A síndrome de Munchausen por procuração inclui os seguintes exemplos:

- uma mãe leva o seu filho ao médico para avaliações frequentes de abuso sexual, mesmo na ausência de provas objectivas ou de história de abuso.
- As mães insistem que os seus filhos sejam tratados para a perturbação de défice de atenção/hiperatividade, apesar de não existirem provas para fazer o diagnóstico.
- uma mãe deixa o seu filho passar fome porque acredita erradamente que ele tem múltiplas alergias alimentares.
- Os médicos suspeitam de um distúrbio hematológico invulgar depois de uma mãe magoar repetidamente e em segredo a criança
- um pai sufoca propositadamente o seu filho e mata-o durante um internamento por "apneia".

É difícil imaginar como é que condições tão variadas podem ser incluídas na definição de uma síndrome. Em alguns casos, o prestador de cuidados apenas exagerou os sintomas da criança; noutros, imaginou-os. Nos piores casos, os sinais e sintomas da doença foram induzidos por acções intencionais do prestador de cuidados. Nalguns doentes, as consequências são menores; noutros, as consequências são fatais. De facto, as únicas coisas comuns às apresentações catalogadas acima são a insistência dos cuidadores em que algo estava errado, a ausência de achados patológicos suficientes para explicar os sinais ou sintomas descritos e o consequente dano à criança.[19]

Diagnóstico

Uma vez que o tratamento é mais fácil se o diagnóstico for certo e rápido, convém enumerar os sinais de alerta que podem alertar o pediatra para a presença de uma doença factícia:

(1) Doença inexplicável, prolongada e tão extraordinária que leva os colegas mais experientes a dizer que "nunca viram nada assim antes".

(2) Sintomas e sinais inadequados ou incongruentes, ou que só estão presentes quando a mãe/tomador de cuidados está presente.

(3) Tratamentos ineficazes ou mal tolerados.

(4) Crianças que alegadamente são alérgicas a uma grande variedade de alimentos e medicamentos.

(5) As mães que não estão tão preocupadas com a doença da criança como os enfermeiros e os médicos, as mães que estão constantemente com o filho doente no hospital (nem sequer saem da enfermaria para pequenos passeios) e as mães que se sentem à vontade na enfermaria das crianças e estabelecem relações invulgarmente estreitas com o pessoal.

(6) Famílias em que ocorreram mortes infantis súbitas e inexplicáveis e famílias com muitos membros alegadamente portadores de diferentes doenças graves.[18]

Gestão

Ao reconhecer que este problema é uma forma de abuso de crianças que ocorre num ambiente médico, é delineado um papel claro para o sistema que está atualmente em vigor nos nossos estados para proteger as crianças. As agências de serviços de proteção à criança são obrigadas a manter as crianças vítimas de abuso - sexual, físico ou psicológico - em segurança, independentemente de o abuso ocorrer em casa ou no hospital. Ao considerar o tratamento do abuso de crianças que ocorre num ambiente médico, devem ser aplicados os princípios básicos utilizados em qualquer outro tipo de caso de abuso de crianças:

1. Certificar-se de que a criança está segura.
2. Certifique-se de que a segurança futura da criança também está assegurada.
3. Permitir que o tratamento seja efectuado num contexto o menos restritivo possível.

Por exemplo, se uma mãe demasiado ansiosa que insistiu em demasiados cuidados médicos para o seu filho estiver disposta a cooperar com o médico e a aprender quando é apropriado procurar cuidados, a criança pode ser tratada em segurança no seu ambiente familiar. Em contrapartida, se uma mãe sufocou repetidamente o seu filho, o "contexto menos restritivo" que garantiria a segurança da criança seria muito provavelmente a colocação permanente fora de casa.

Se a procura de cuidados por parte do progenitor estiver a prejudicar a criança, mas este se recusar a cooperar com o médico para limitar a quantidade de cuidados médicos a um nível adequado, deve ser informada a agência estatal de proteção da criança. Se o progenitor persistir em prejudicar a criança, os maus tratos médicos devem ser comunicados da mesma forma que os maus tratos físicos e sexuais. Sempre que uma criança dependente esteja a ser prejudicada pela ação de um adulto, os serviços de proteção à criança devem ser envolvidos.

Segue-se uma lista de intervenções possíveis, da menos restritiva à mais restritiva. Algumas destas opções requerem a intervenção de organismos externos (serviços de proteção da criança, conselheiros privados, forças policiais, etc.).

1. Recorrer à terapia individual e/ou familiar, dependendo de um médico de cuidados primários para ser o "guardião" da utilização futura de cuidados médicos.
2. Monitorizar a utilização dos cuidados médicos em curso, envolvendo pessoas ou instituições exteriores à prática médica para alertar o médico porteiro sobre questões relacionadas com os cuidados de saúde.
3. Internar a criança num hospital ou num programa de hospitalização parcial, onde os seus sinais e sintomas reais podem ser monitorizados (em oposição aos sinais e sintomas relatados pelos pais). Este internamento é um recurso muito importante se os pais tendem a exagerar ou a mentir sobre a dor ou a incapacidade da criança. Um programa que trate toda a família pode então trabalhar para definir a criança como normal aos olhos dos pais.

4. Envolver os serviços de proteção da criança para obter dependência, dentro ou fora de casa, para controlar a utilização excessiva de recursos médicos e reintroduzir gradualmente a criança em casa do prestador de cuidados, monitorizando a segurança da criança.
5. Colocar a criança num outro contexto familiar de forma permanente.
6. Processar o progenitor infrator e encarcerá-lo, eliminando assim o acesso à criança.[19]

SÍNDROME DO BEBÉ SACUDIDO

A Síndrome do Bebé Sacudido (SBS) é um tipo particular de abuso físico que afecta bebés e crianças pequenas, especialmente crianças com menos de 1 ano de idade. É a principal causa de morte relacionada com maus tratos a crianças nos Estados Unidos.[20]

A síndrome do bebé sacudido é a causa mais comum de morte ou de lesão neurológica grave resultante de maus tratos a crianças. É específica da infância, quando as crianças têm caraterísticas anatómicas únicas. O radiologista americano John Caffey cunhou o nome síndroma do bebé sacudido por efeito de chicotada em 1974. Foi, no entanto, um neurocirurgião britânico, Guthkelch, que descreveu pela primeira vez o abanão como causa de hemorragia subdural em bebés. Mais tarde, pensou-se que o impacto desempenhava um papel importante na causa das lesões cerebrais.[21]

Causas

É geralmente causada por alguém

* abanar,
* deixar cair, atirar ou
* bater numa criança muito pequena[20]

Fisiopatologia

As forças necessárias para uma lesão na cabeça são translacionais ou rotacionais. As forças de translação produzem um movimento linear do cérebro. Estas forças ocorrem durante as quedas e, na pior das hipóteses, causam uma fratura do crânio, mas são geralmente relativamente benignas. As forças de rotação, que ocorrem durante as sacudidelas, fazem com que o cérebro gire sobre o seu eixo central ou na fixação ao tronco cerebral. O movimento do cérebro no espaço subdural provoca o estiramento e a rutura das veias de ligação, que se estendem do córtex até ao seio venoso dural. A perda de sangue, tipicamente 2-15 ml, para o espaço subdural não é, por si só, prejudicial. Fornece provas sólidas de abanão na ausência de uma história de traumatismo craniano acidental grave. Quando um bebé é violentamente abanado, o consequente dano axonal traumático tem sido descrito no passado em termos clinicopatológicos como lesão axonal difusa ou cisalhamento axonal. A maioria dos bebés com lesão por abanão tem alguma evidência clínica, radiológica ou patológica de impacto. Evidências experimentais, tanto em primatas como em bonecos, também demonstraram que a força gerada pelo sacudir, por si só, seria insuficiente para causar lesão axonal difusa em bebés. Por estas razões, o nome originalmente cunhado por Caffey, *síndrome do bebé sacudido pelo chicote,* foi considerado por alguns como uma descrição inapropriada do mecanismo de lesão. Consideram que *a síndroma do impacto do abanão* é um nome mais consentâneo com a forma como a lesão é causada.

Na última década, foram recolhidas novas informações a partir da utilização da proteína precursora β-amiloide, o marcador mais fiável de lesão axonal. Tornou-se agora possível distinguir entre lesão axonal hipóxica e traumática. A presença da proteína precursora β-amiloide indica uma sobrevivência de pelo menos 2-3 horas, um ponto de importância médico-legal. Contemporaneamente aos métodos aperfeiçoados em neuropatologia, as técnicas de imagiologia avançaram na última década e permitem atualmente distinguir entre lesões cerebrais hipóxicas e traumáticas. Estes avanços estabeleceram que, no caso de abanões violentos, a lesão cerebral inicial é causada por hipoxia. Esta, por sua vez, provoca edema cerebral e aumento da pressão intracraniana. Seguem-se outras lesões neurológicas ou a morte em consequência da isquémia resultante de uma queda da pressão de perfusão cerebral. A diferença entre uma lesão acidental (traumática) e uma lesão provocada por um abanão (hipóxica) está bem patente na diferença de resultados. No contexto da nova informação de que o abanão é sobretudo uma lesão isquémica hipóxica, a importância do impacto torna-se irrelevante.

A causa inicial da hipoxia é a dificuldade respiratória. A apneia e os problemas respiratórios são frequentemente observados em bebés que foram sacudidos. As necrópsias destes bebés revelam lesões no tronco cerebral. Esta lesão é exclusiva da infância, quando a cabeça é grande e o tónus muscular do pescoço é fraco. O movimento central da cabeça durante a sacudidela provoca uma lesão por estiramento na junção craniocervical. Quanto mais jovem for o bebé, maior é o risco de lesão. Em bebés muito prematuros, a fisioterapia vigorosa sem apoio da cabeça pode induzir alterações histológicas cerebrais de lesão por sacudidela idênticas às dos bebés mais velhos. Nos bebés, ao contrário das crianças mais velhas, a base do crânio é lisa e o cérebro não mielinizado é mole, o que resulta num padrão de lesão diferente. Raramente se observam contusões, focos superficiais de necrose hemorrágica, que carateristicamente afectam a base do cérebro e as áreas subjacentes às fracturas do crânio. Os bebés também apresentam frequentemente uma hemorragia subaracnóidea, que, tal como a hemorragia subdural, é pequena e de pouco significado clínico.[21]

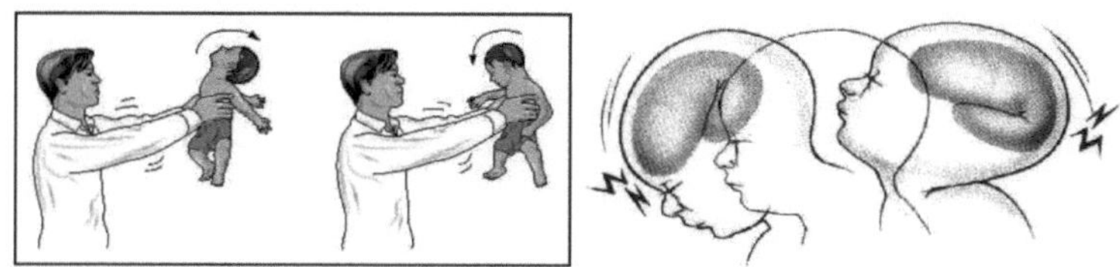

Figura 12: Síndrome do bebé sacudido

Achados clínicos

Varia consoante a idade, a frequência com que são maltratados, a duração dos maus-tratos, o tempo de cada abuso e o grau de força utilizado.[22] Existe um amplo espetro de sinais clínicos. Os mais ligeiros são inespecíficos, pelo que os ferimentos podem nunca ser detectados; os mais graves são o choque, a inconsciência e as convulsões da criança. Imediatamente após o incidente, a criança estará sempre obviamente indisposta, mesmo para o profissional mais inexperiente. Os sinais não específicos que podem persistir durante dias ou semanas são a má alimentação, os vómitos, a letargia e a irritabilidade. Estes sinais são frequentemente minimizados pelos médicos e podem ser atribuídos a doenças virais, problemas de alimentação ou cólicas. Nalguns casos, os sinais de lesões anteriores só podem ser reconhecidos quando a criança volta a sofrer uma lesão ou apresenta um hematoma subdural crónico (aumento da cabeça). É provável que algumas crianças com sinais inespecíficos e lesão cerebral não detectada apresentem mais tarde dificuldades de aprendizagem e insucesso escolar. No caso de uma lesão grave, é importante notar que, ao contrário de uma hemorragia extradural, não existe um intervalo lúcido entre o incidente e a perda de consciência. Na apresentação, a criança pode estar opistotónica com a fontanela cheia ou distendida. Palidez, hipotermia e choque são sinais comuns. A apneia, a respiração irregular e a cianose requerem intubação e ventilação.[21]

Os bebés que sofrem ***danos menores*** devido à EBE podem apresentar alguns dos seguintes sintomas

- □ Alteração do padrão de sono ou incapacidade de despertar
- □ Vómitos
- □ Convulsões ou ataques
- □ Irritabilidade
- □ Choro incontrolável
- □ Incapacidade de ser consolado
- □ Incapacidade de amamentar ou comer

Nos casos mais ***graves*** de EBE, os bebés podem apresentar os seguintes sintomas

- □ Falta de resposta
- □ Perda de consciência
- □ Problemas respiratórios (respiração irregular ou ausência de respiração)
- □ Sem pulso

As crianças que foram sacudidas apresentam frequentemente lesões oculares e esqueléticas.

Lesões oculares

O sinal ocular clássico do traumatismo craniano é a hemorragia da retina, que raramente também pode ocorrer em acidentes graves. As hemorragias, que podem ser unilaterais ou bilaterais, confirmam o diagnóstico de traumatismo craniano. A hemorragia ocular sem hemorragia subdural não foi registada, provavelmente porque é necessária uma força menor para infligir a hemorragia subdural. A gravidade do traumatismo craniano está correlacionada com a extensão da hemorragia ocular. A primeira alteração é a hemorragia intrarretiniana e a hemorragia sub-hialoide, a que se segue o descolamento da retina e, por fim, a hemorragia coroidal e vítrea. A hemorragia na periferia (ora serrata) é a mais frequente, mas não é facilmente visualizada. A maior parte da hemorragia é observada no pólo posterior e pode envolver uma ou mais camadas da retina. A causa da hemorragia da retina não é clara. Uma das teorias é a da oscilação do cristalino e do vítreo, que causa lesões por tração no local onde o vítreo está mais firmemente ligado à retina. A outra teoria é a da hemorragia resultante da contrapressão na veia central da retina causada por uma pressão intracraniana ou intratorácica elevada. A hemorragia neonatal é comum e pode ser uma fonte de confusão. Esta hemorragia desaparece normalmente ao fim de oito dias, mas pode persistir até três meses. A hemorragia da retina não pode ser datada pelo seu aspeto. No entanto, na necropsia, a presença de hemossiderina indica que a hemorragia tem mais de três dias. Com a possível exceção da tosse convulsa, a tosse ou o vómito não induzem a hemorragia da retina. A reanimação cardiopulmonar e as convulsões também não. As causas não traumáticas de hemorragia da retina incluem perturbações da coagulação e hematológicas, vasculopatias e malformações cranianas. Podem também ser causadas por meningite, hipertensão intracraniana e algumas doenças metabólicas raras. É de salientar que um traumatismo craniano pode, por si só, causar uma anomalia da coagulação.

Lesões esqueléticas

As crianças com lesões esqueléticas e hemorragias subdurais foram bem descritas por Caffey. As fracturas metafisárias, patognomónicas de lesões infligidas na infância, podem ser causadas por danos na esponjosa primária da metáfise quando os membros se agitam durante os episódios de sacudidelas. O aperto do peito quando a criança é agarrada com força causa fracturas das costelas posteriores.

As fracturas recentes das costelas podem não ser imediatamente visíveis na radiografia, mas podem ser detectadas através de um exame com radionuclídeos. Na ausência de um exame com radionuclídeos, quando há fortes suspeitas de fracturas das costelas, a radiografia do tórax deve ser repetida após 10-14 dias, altura em que a formação de calo será evidente. Muitos bebés são submetidos a reanimação cardiopulmonar por paramédicos ou pessoal de socorro. É de notar que, na infância, a reanimação cardiopulmonar não causa fracturas das costelas.[21]

Consequência potencial do Síndrome do Bebé Sacudido

A EBE causa frequentemente danos irreversíveis. Nos piores casos, as crianças morrem devido às lesões.

As crianças que sobrevivem podem ter:

- cegueira parcial ou total
- perda de audição
- convulsões
- atrasos de desenvolvimento
- intelecto deficiente
- Disfunção motora grave (fraqueza muscular ou paralisia)
- dificuldades de fala e de aprendizagem
- problemas de memória e de atenção
- atraso mental grave
- paralisia cerebral

- Espasticidade (uma condição em que certos músculos estão continuamente contraídos - esta contração causa rigidez ou aperto dos músculos e pode interferir com o movimento, a fala e a forma de andar)

Mesmo nos casos mais ligeiros, em que os bebés parecem normais imediatamente após o abalo, podem acabar por desenvolver um ou mais destes problemas. Por vezes, o primeiro sinal de um problema só é notado quando a criança entra no sistema escolar e apresenta problemas de comportamento ou dificuldades de aprendizagem. Mas, nessa altura, é mais difícil relacionar estes problemas com um incidente de sacudidela ocorrido vários anos antes[22]

Diagnóstico

Muitos casos de EBE são trazidos para atendimento médico como "lesões silenciosas". Os prestadores de cuidados de saúde podem ser alertados para uma possível lesão por EBE por *qualquer um* dos seguintes factores Qualquer lactente ou criança pequena que apresente uma história que não seja plausível ou consistente com os sinais e sintomas apresentados, A presença de um novo parceiro adulto em casa, uma história de atraso na procura de cuidados médicos, uma história anterior ou suspeita de abuso, A ausência de um cuidador principal no início da lesão ou doença, Evidência física de múltiplas lesões em diferentes fases de cicatrização, ou Alterações inexplicáveis no estado neurológico, choque inexplicável e/ou colapso cardiovascular. Existem várias ferramentas de diagnóstico que os profissionais de saúde podem utilizar para avaliar a possibilidade de EBE em bebés feridos. Para além de um historial completo e de um exame físico, incluindo o exame oftalmológico, os médicos podem utilizar a tomografia computorizada, a ressonância magnética, o exame do esqueleto e outros testes médicos para diagnosticar a SBS. Se *houver* suspeita de síndrome do bebé sacudido, os médicos podem procurar

□ Hemorragias na retina dos olhos

□ Fracturas do crânio, inchaço do cérebro e hematomas subdurais (acumulações de sangue que pressionam a superfície do cérebro)

□ Fracturas das costelas e dos ossos longos (ossos dos braços e das pernas)

□ Hematomas à volta da cabeça, pescoço ou peito

□ Rever o historial da criança

□ Exame físico e análises ao sangue

□ Radiografia, tomografia computorizada, ressonância magnética

□ Punção lombar para verificar se há sinais de meningite no líquido cefalorraquidiano

Diagnóstico diferencial

No total, 95% dos bebés com uma lesão intracraniana grave foram sacudidos. Os restantes são causados, na sua maioria, por traumatismos cranianos graves, como em acidentes de viação. As outras condições que causam hematomas subdurais são as mesmas que foram enumeradas como causadoras de hemorragia da retina. Cerca de 20%-30% dos recém-nascidos assintomáticos têm pequenas hemorragias subdurais e subaracnoides que se resolvem rapidamente de forma espontânea. Raramente, a hemorragia subdural crónica é causada por um traumatismo de parto. A frequência com que isto acontece é desconhecida devido à dificuldade em obter uma história fiável. Os hematomas subdurais crónicos desenvolvem-se a partir de uma pequena quantidade de hemorragia venosa para um espaço subdural alargado. Isto ocorre quando há atrofia cerebral, como na doença metabólica rara acidúria glutárica tipo 1. Pensa-se que, nesta situação, o espaço subdural alargado provoca o estiramento das veias de ligação, que se rasgam em resposta a um traumatismo mínimo. Um crescimento de tecido de granulação a partir da dura-máter forma então uma membrana vascular com capilares frágeis. As micro-hemorragias capilares mantêm o tamanho ou aumentam o hematoma. Exceto em crianças com acidúria glutárica tipo 1 e shunts ventriculares, os hematomas subdurais crónicos devem ser considerados como infligidos. Na acidúria glutárica tipo 1, a atrofia frontotemporal e o alargamento da fissura silviana são visíveis nas imagens cerebrais.

O diagnóstico pode ser feito através de um exame bioquímico e a confirmação pode ser obtida pela ausência de atividade da glutaril-CoA desidrogenase nos fibroblastos dos tecidos. Foi sugerido que os bebés com macrocefalia e alargamento benigno dos espaços subaracnoides correm o risco de desenvolver hemorragia subdural devido a um traumatismo menor. Isto vem na sequência de relatos na literatura de efusões subdurais em crianças com esta condição benigna. O facto de os espaços subaracnóides proeminentes serem comuns em bebés e de a hemorragia subdural ser rara indica que não existe base científica para esta suposição. O encolhimento do cérebro, devido à perda celular de água na hipernatrémia, tem sido associado à hemorragia subdural. Uma investigação alargada sugeriu que a hipernatrémia é a consequência da lesão cerebral que acompanha o hematoma subdural e não a sua causa.[21]

Gestão

- □ Hospitalização
- □ Admitido na UCI para monitorização rigorosa
- □ Pode ser administrada oxigenoterapia para ajudar a criança a respirar
- □ São administrados medicamentos para ajudar a aliviar o inchaço do cérebro
- □ Colchão de arrefecimento para ajudar a reduzir a temperatura corporal e reduzir

também a temperatura

□ Dependendo da gravidade da lesão e da hemorragia, a criança pode necessitar de uma cirurgia.

□ Tratamento sintomático, como medicamentos para as convulsões.

□ A fisioterapia pode ser administrada

□ aconselhamento para pais e filhos.

□ Problemas a longo prazo da síndrome do bebé sacudido.

□ Os problemas cerebrais e visuais permanecem para sempre.

□ Convulsões, que são explosões súbitas de atividade eléctrica anormal no cérebro.

□ Rigidez muscular (espasticidade) que resulta em movimentos rígidos e desajeitados.

□ Deficiências intelectuais como aprender a falar ou ser capaz de cuidar de si no futuro.

□ Cegueira ou dificuldade em ver.

□ Atrasos de crescimento físico ou emocional.

□ Problemas de aprendizagem ou de comportamento que podem não aparecer antes de a criança começar a estudar

Dicas de prevenção

□ Nunca abanar um bebé.

□ Nunca bater ou esbofetear um bebé de qualquer idade na cara ou na cabeça.

□ Informe-se sobre o desenvolvimento e os comportamentos normais das crianças para que as suas expectativas sejam realistas.

□ Aprenda a aliviar o stress e outras estratégias saudáveis para lidar com a situação.

□ Examine os seus potenciais prestadores de cuidados infantis para saber quais são as suas competências e aptidões.

□ Faça uma pausa quando se sentir sobrecarregado.

O traumatismo craniano abusivo *é* 100% evitável. Um aspeto fundamental da prevenção é a sensibilização para os perigos potenciais do abanão. Encontrar formas de aliviar o stress dos pais ou prestadores de cuidados nos momentos críticos em que o bebé está a chorar pode reduzir significativamente o risco para a criança. Alguns programas hospitalares têm ajudado os novos pais a identificar e prevenir as lesões causadas por abanões e a compreender como reagir quando os bebés choram. O National Center on Shaken Baby Syndrome oferece um programa de prevenção, o Period of Purple Crying, que procura ajudar os pais e outros prestadores de cuidados a compreender o choro de bebés normais. Ao definir e descrever o choro por vezes inconsolável dos bebés, que pode causar stress, raiva e frustração nos pais e nas pessoas que cuidam deles, o programa espera educar e capacitar as pessoas para prevenir a SBS. Outro método que pode ajudar são os "cinco S's" do autor Dr. Harvey Karp:

1. Silêncio (usando "ruído branco" ou sons rítmicos que imitam o ruído constante do útero, com coisas como aspiradores, secadores de cabelo, secadores de roupa, uma banheira a correr ou um CD de ruído branco)
2. Posicionamento lateral/estômago (colocar o bebé do lado esquerdo - para ajudar a digestão - ou sobre a barriga enquanto o segura, e depois colocar o bebé a dormir no berço ou no berço de costas)
3. **Chuchar** (deixar o bebé mamar no peito ou no biberão, ou dar-lhe uma chupeta ou um dedo para chuchar)
4. Enrolar o bebé num cobertor para o ajudar a sentir-se mais seguro

5. Balançar suavemente (balançar numa cadeira, usar um baloiço para bebés ou dar um passeio de carro para ajudar a duplicar o movimento constante que o bebé sentiu no útero).

Se um bebé ao seu cuidado não pára de chorar, tente também o seguinte:

□ Certifique-se de que as necessidades básicas do bebé são satisfeitas (por exemplo, se ele não tem fome e não precisa de ser mudado).

□ Verifique se há sinais de doença, como febre ou gengivas inchadas.

□ Balance ou caminhe com o bebé.

□ Cante ou fale com o bebé.

□ Ofereça ao bebé uma chupeta ou um brinquedo que faça barulho.

□ Leve o bebé a passear num carrinho de bebé ou preso a uma cadeira de segurança para crianças no automóvel.

□ Segure o bebé junto ao seu corpo e respire calma e lentamente.

□ Chame um amigo ou familiar para lhe dar apoio ou para tomar conta do bebé enquanto faz uma pausa.

□ Se nada mais resultar, deite o bebé de costas no berço, feche a porta e vá ver como está o bebé dentro de 10 minutos.

□ Contacte o seu médico se nada parecer estar a ajudar o seu bebé, caso exista uma razão médica para a agitação.

Para evitar uma possível EBE, os pais e as pessoas que cuidam de bebés têm de aprender a reagir ao seu próprio stress. É importante falar com *qualquer pessoa* que cuide do seu bebé sobre os perigos dos tremores e como podem ser evitados.[22]

ESTIMATIVA DE IDADE

A capacidade de atribuir estimativas exactas de idade a restos mortais humanos e a indivíduos vivos é um elemento importante da prática forense .[24]

História

- Pensa-se que os romanos utilizavam a estimativa de idade dentária para determinar se um indivíduo tinha atingido a idade de alistamento militar através da avaliação da erupção dos segundos molares permanentes. No entanto, a estimativa da idade como um componente cientificamente investigado das ciências forenses é relativamente recente.
- O código penal britânico e as leis do trabalho infantil do início do século XIX deram início ao interesse legal em estimar a idade cronológica das crianças. Durante este período, o código penal presumia que um indivíduo com menos de 7 anos de idade não tinha capacidade para cometer um crime; no entanto, os indivíduos com mais de 7 anos de idade que eram condenados, mesmo por crimes menores, eram muitas vezes severamente punidos pelo Estado. Uma vez que não eram emitidas certidões de nascimento nem era exigido o registo de nascimento, era muitas vezes difícil apresentar provas da verdadeira idade cronológica.
- Em 1836, um perito médico-legal de nome Thomson começou a sugerir que a dentição podia ser útil na avaliação da idade das crianças. Afirmava que, se o primeiro molar permanente "não tiver sobressaído, não se pode hesitar em afirmar que o culpado não passou do sétimo ano".
- A necessidade de avaliação da idade continuou como resultado das leis das fábricas. O Factory Act de 1833 obrigou a indústria têxtil a cumprir um dia de

trabalho uniformemente estabelecido para os indivíduos com menos de 18 anos, definido como tendo início às 5:30 da manhã e terminando às 8:30 da noite. Os indivíduos com idades compreendidas entre os 13 e os 18 anos não deviam trabalhar para além de um período de 12 horas, incluindo um intervalo de 1,5 horas para refeição. As crianças com idades compreendidas entre os 9 e os 13 anos não podiam trabalhar para além de um período de 9 horas, que incluísse instrução. As crianças com menos de 9 anos de idade estavam totalmente proibidas de trabalhar. No entanto, estas leis eram frequentemente ignoradas pelos pais e pelos proprietários das fábricas e eram difíceis de aplicar porque a única prova de idade era o facto de a criança aparentar ter pelo menos 9 anos de idade. Quatro anos mais tarde, em 1837, o Dr. Edwin Saunders, um dentista, produziu um panfleto em que avaliava mais de 1000 crianças e fornecia tabelas que, segundo ele, podiam ser utilizadas por "pessoas relativamente inexperientes" para avaliar a idade das crianças com o objetivo de aplicar a Factory Act.[8]

Objetivo

Os dentes são as partes mais fortes do corpo humano e são, por isso, muito resistentes a influências externas, como temperaturas extremas, explosões e outras condições extremas, o que os torna disponíveis para períodos post-mortem extensos. Para além disso, os dentes são bons indicadores da idade das pessoas. Estes dois factos permitem-nos utilizar os dentes humanos para estimar a idade no trabalho forense.[7]

Na sociedade atual, o objetivo e o valor da estimativa da idade dentária forense expandiu-se para satisfazer uma variedade de necessidades médico-legais, tais como fornecer uma estimativa da idade à morte.[8]

- Nos casos de cadáveres não identificados e de pessoas desaparecidas, a estimativa da idade reduz significativamente as possibilidades de busca dos agentes da autoridade

- Em situações de catástrofe em massa e de aglomeração de vítimas, a segregação etária ajuda no processo de identificação
- existe uma aplicação forense para ajudar as autoridades a determinar a elegibilidade para as prestações sociais, a idade da licença e a idade da maioridade legal[8]
- a idade é utilizada na maioria das sociedades para efeitos de frequência escolar, benefícios sociais, emprego, adoção, asilo político e casamento[7]

AVALIAÇÃO DA IDADE DENTÁRIA[39]

São utilizados vários métodos para determinar a idade a partir da dentição. Estes podem ser descritos em quatro categorias, nomeadamente, análises clínicas, radiográficas, histológicas e físico-químicas:

1. **Método clínico ou visual**: A observação visual da fase de erupção dos dentes e a evidência de alterações devidas à função, como a atrição, podem dar uma estimativa aproximada da idade.
2. **Método radiográfico**: A radiografia pode fornecer a fase bruta do desenvolvimento dentário da dentição.

3. **Método histológico**: Os métodos histológicos requerem a preparação dos tecidos para um exame microscópico pormenorizado, que pode determinar com maior precisão o estádio de desenvolvimento da dentição. Esta técnica é mais adequada para situações post-mortem. Também é importante para estimar a idade do desenvolvimento inicial da dentição.

4. **Análises físicas e químicas**: Foram propostas análises físicas e químicas dos tecidos duros dentários para determinar as alterações dos níveis de iões com a idade. Embora estas técnicas não sejam ainda de grande valor para o odontologista forense, os futuros desenvolvimentos poderão proporcionar um meio complementar de recolha de provas de valor no contexto dentário.[7]

Os métodos de avaliação da idade dentária também podem ser classificados como invasivos ou não invasivos.

Factores utilizados para a determinação da idade utilizando a dentição[40]

Os factores utilizados para determinar a idade utilizando a dentição são os seguintes

- O aparecimento de germes dentários
- O mais antigo vestígio detetável de mineralização
- Grau de acabamento do dente não irrompido
- Taxa de formação do esmalte e formação da linha neonatal
- Erupção clínica
- Grau de conclusão das raízes dos dentes erupcionados
- Grau de reabsorção dos dentes decíduos

• Atrição da coroa

Não invasivo

1. ***Erupção e/ou emergência dentária sequencial:*** (Demirjian, 1973; Carvalho *et al,* 1989; Nystfom *et al,* 2001; Foti *et al,* 2003; Moslemi, 2004; Franchi *et al,* 2008; Olze *et al,* 2008; Aggarwal 2011; Feraru *et al.*, 2011).

2. ***Desenvolvimento por meio de calcificação e/ou maturação da raiz:***

• ***Esquemas de desenvolvimento***: (Schour e Massler, 1941; Gustafson e Koch, 1974; Ubelaker, 1978; Kahl e Schwarze, 1988a; Al-Qahtani *et al,* 2010);

• ***estágios de desenvolvimento dentário*** :(Kronfeld, 1935; Gleiser e Hunt, 1955; Garn *et al.*, 1958; Garn *et al,* 1959; Nolla, 1960; Moorrees *et al,* 1963b; Haataja, 1965; Nanda e Chawla, 1966; Wolanski, 1966; Fass, 1969; Haavikko, 1970,1974; Fanning e Brown, 1971; Liliequist e Lundberg, 1971; Demirjianet *al,* 1973; Anderson *et al,* 1976; Demirjian e Goldstein, 1976; Nystrom *et al,* 1977; Van der Linden *et al,* 1985a,b,c,d; Nystfom *et al,* 1986; Carels *et al,* 1991; Smith, 1991; Mincer *et al,* 1993; Kohler *et al,* 1994; M'ornstad *et al,* 1994; Mesotten *et al,* 2002);

• ***estágios de desenvolvimento da raiz***: (Harris e Nortj'e, 1984; Kullman *et al.*, 1992; Gunst *et al.*, 2003; Rai *et al,* 2008).

3. ***Parâmetros morfológicos do dente*** .·(Gustafson, 1950; Dalitz, 1962; Johanson, 1971; Moore e Corbett, 1971, 1973; Miles, 1978; Brothwell, 1981; Lovejoy, 1985; Solheim, 1993; Kvaal e Solheim, 1994; Constandse-Westermann, 1997)

4. ***Medidas dos dentes:*** (Stack, 1960, 1967; Liversidge *et al,* 1993; Kullman *et al.*, 1995;

Kvaal *et al,* 1995; Liversidge e Molleson, 1999a,b; Aka *et al,* 2009).

Invasivo

1. ***Biomarcadores:*** (Wehner *et al,* 2007; Alkass *et al,* 2009; Griffin *et al,* 2009).

2. ***Translucidez da dentina radicular:*** (Dalitz, 1962; Bang e Ramm, 1970; Solheim, 1993; Prince e Konigsberg, 2008).

3. ***Linhas incrementais:***(Solheim, 1990, 1993; FitzGerald, 1998; Jankauskas *et al.*, 2001; Bojarun *et al,* 200[3] ; Smith e Avishai, 2005; Czermak *et al,* 2006; Aggarwal *et al.*, 2008; Antoine *et al.*, 2009).[25]

Métodos de estimativa de idade em crianças

A escolha do método correto de avaliação da idade depende em grande medida do indivíduo em questão, da presença ou ausência de dentes na cavidade oral e do facto de o indivíduo estar vivo. No caso de crianças vivas, as diretrizes para lidar com casos de contestação de idade, de acordo com a Convenção das Nações Unidas sobre os Direitos da Criança (UNCRC) e a Agência de Fronteiras do Reino Unido (UKBA), são as seguintes

- Não deve haver discriminação com base na raça, cor, sexo, língua, religião, opinião política ou outra, origem nacional, étnica ou social, propriedade, deficiência, nascimento ou outro estatuto.
- Considerar o interesse superior da criança em todas as acções, quer sejam empreendidas por instituições públicas ou privadas de assistência social, tribunais, autoridades administrativas ou órgãos legislativos.
- Assegurar à criança a proteção e os cuidados necessários ao seu bem-estar, tendo em conta os direitos e deveres dos pais, dos representantes legais ou de outras pessoas legalmente responsáveis por ela. Para o efeito, tomar todas as medidas legislativas e

administrativas adequadas.

• Todas as crianças são importantes, mesmo que sejam pessoas sujeitas ao controlo da imigração

• Os casos das crianças devem ser tratados de forma a minimizar a incerteza que podem sentir.

• Uma criança acompanhada ou não acompanhada (com mais de 12 anos), cuja idade seja contestada, tem o direito de ser entrevistada sobre o conteúdo da sua avaliação, exceto se a criança não estiver apta ou não puder ser entrevistada.

• A avaliação deve ser efectuada na presença de um adulto responsável (ou seja, um dos pais, tutor, representante ou outro adulto que tenha a responsabilidade pela criança, mas que seja independente do Secretário de Estado).

• O avaliador deve ter formação especializada na avaliação da idade das crianças e ter particularmente em conta a possibilidade de a criança se sentir inibida ou alarmada. Se a criança parecer cansada ou angustiada, a avaliação será suspensa.

• O processo de avaliação deve obter informações pormenorizadas sobre a identidade da criança, o seu país de origem e a sua família, o seu estado de saúde e eventuais necessidades especiais, bem como a identidade de qualquer pessoa que acompanhe a criança ou actue como adulto responsável.

• As crianças devem ser tratadas com prioridade, tendo em conta a sua vulnerabilidade.[25]

Questões neonatais :[25]

Dicas de cúspide

➢ O desenvolvimento histológico dos dentes começa a partir da 6ª semana *no útero*. A mineralização que permite que os dentes sejam visíveis numa radiografia só acontece no segundo trimestre, sob a forma de pontas de cúspide dos dentes decíduos, cerca de 12 semanas após o desenvolvimento histológico dos dentes.

- Estas pontas de cúspide são muito pequenas e são mantidas na sua cripta por tecidos moles. O desafio de lidar com neonatos nesta faixa etária é preservar e encontrar estas pontas de cúspide e bordos incisais que podem ser facilmente deslocados ou perdidos após a decomposição dos tecidos moles.
- Quando as pontas das cúspides são recuperadas, podem ser examinadas a olho nu. A estimativa da idade pode ser efectuada quer por pesagem a seco (Stack, 1960), quer por comparação com os diagramas de desenvolvimento ou erupção dentária.
- Ao envelhecer um neonato utilizando as fases de desenvolvimento dos dentes, deve ser seguida a idade de gestação corrigida (40 semanas de gestação), tendo em conta que o nascimento é um acontecimento que não afecta o desenvolvimento dentário.
- A linha neonatal forma uma demarcação clara entre a deposição de esmalte pré-natal e pós-natal e é independente da idade gestacional ou do tamanho à nascença.
- Encontrar a linha neonatal revelará que o bebé nasceu de facto com vida e viveu durante pelo menos 7-10 dias, que é o tempo necessário para a visualização da linha neonatal como uma faixa entre o esmalte pré e pós-natal.
- A quantidade de esmalte formado após o nascimento pode então ser medida para avaliar a duração da sobrevivência pós-natal em restos de esqueleto.

Bebés desde o nascimento até aos 2 anos :[25]

- Este grupo etário começa sem dentes na cavidade oral. Dentro de meses, os dentes decíduos começam a emergir através das gengivas.

- A sequência da erupção e a contagem dos dentes podem ser a única forma de estimar a idade do bebé vivo, uma vez que as radiografias estão *contra-indicadas* neste grupo etário e a dificuldade de obter uma radiografia de um bebé é previsível. Além disso, a erupção dentária é altamente afetada pela nutrição, infeção, patologia, trauma, agenesia dentária, perda de dentes e apinhamento, pelo que o avaliador deve estar familiarizado com estas limitações e com a anatomia e anomalias dos dentes.

Crianças e adolescentes dos 2 aos 18 anos :[25]

- Este grupo etário apresenta a dentição decídua completa na cavidade oral aos 2 anos de idade e o início da erupção dos dentes permanentes aos 5 anos.
- Esta erupção da dentição permanente pode ser utilizada para a avaliação da idade entre os 5 e os 14 anos, tendo em conta as limitações de se basear na erupção dentária mencionadas anteriormente.
- A análise radiográfica da dentição em desenvolvimento, bem como a emergência clínica dos dentes em várias fases, ajudará na determinação da idade.
- Uma radiografia de boa qualidade é preciosa, quer se trate de uma radiografia panorâmica ou peri-apical, de uma TAC ou mesmo de uma oblíqua lateral.

Método de Demirjian

- O método mais utilizado, com bons resultados, é o método de Demirjian.
- A sua utilização com pontuações de maturidade auto-ponderadas e modelos de regressão modificados para refletir as amostras locais permite obter melhores resultados.

- No método de Demirjian, a cada fase do desenvolvimento dentário é atribuída uma pontuação que fornece uma estimativa da maturidade dentária numa escala de 0 a 100.
- Neste método, existem oito fases de desenvolvimento dentário. O avaliador pode utilizar sete dentes mandibulares ou quatro dentes mandibulares, os dentes em falta de um lado podem ser substituídos pelo mesmo tipo de dente do outro lado do maxilar e um primeiro molar em falta pode ser substituído por um incisivo central.

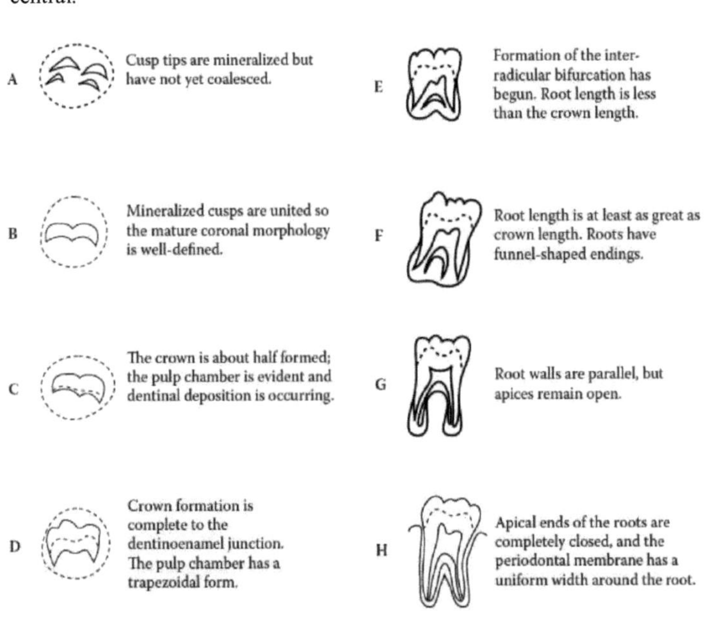

- As limitações deste método, no entanto, são que ele só pode ser aplicado em dentes mandibulares e não tem pontuação para terceiros molares.

Técnicas de Atlas

- As técnicas de atlas de estimativa da idade dentária mais frequentemente utilizadas são as de Schour e Massler (1941), Moorrees e colegas (1963),

Gustafson e Koch (1974) e Anderson et al. (1976) .

- Essas técnicas são baseadas em estágios morfologicamente diferentes de mineralização de todos os dentes (Willems 2001). Schour e Massler (1941) propuseram 20 estádios de desenvolvimento dentário desde os 4 meses até aos 21 anos de idade, enquanto Moorrees et al. (1963) propuseram a maturação dentária dos dentes permanentes (incisivos maxilares e mandibulares) dividida em 14 estádios, desde a formação da cúspide inicial até ao encerramento apical para ambos os sexos.

Técnica de Moorrees[8]

- O estudo da técnica clássica de esfoliação de dentes decíduos avaliou a reabsorção de dentes decíduos das cúspides mandibulares, primeiros molares e segundos molares de um grupo de crianças saudáveis, brancas, do Ohio, com um nível socioeconómico médio.
- Foram descritas quatro fases de reabsorção dentária: ¼ de reabsorção, ½ reabsorção, ¾ reabsorção e esfoliação.
- Os dados da estimativa da idade média com o desvio padrão são fornecidos pelo estádio do dente individual numa forma tabular para homens e mulheres.

Técnica baseada em parâmetros de quantidade

Esta técnica baseia-se nos ápices abertos e fechados dos dentes (Cameriere et al. 2006). (Rai et al. 2010)

Método de Erupção dos Dentes ou Métodos Visuais

Os 20 dentes da dentição decídua erupcionam quando a criança tem entre 5 e 32 meses de idade, (ADA2005; Rai et al. 2008). A sequência modal de erupção é i1-i2-m1-c-m2 em ambas as arcadas. Foi registada uma precedência estatisticamente significativa do sexo masculino em relação ao feminino.[7]

MARCAS DE MORDIDELAS

MacDonald (1974) definiu uma marca de mordedura como **"uma marca causada pelos dentes, isoladamente ou em combinação com outras partes da boca** [25]

O American Board of Forensic Odontology define uma marca de mordedura na pele como sendo **"uma alteração física num meio causada pelo contacto de dentes"** **e, especificamente, como "um padrão representativo deixado num objeto ou tecido pelas estruturas dentárias de um animal ou humano**[24]

O manual da ABFO define as marcas de mordedura como 1) Uma alteração física no meio causada pelo contacto dos dentes, 2) Um padrão representativo deixado num objeto ou tecido pelas estruturas dentárias de um animal ou humano. O manual descreve uma marca de mordedura como **"uma lesão de padrão circular ou oval que consiste em dois arcos opostos simétricos, em forma de 'U', separados nas suas bases por espaços abertos. Na periferia dos arcos há uma série de abrasões, contusões e/ou lacerações individuais que reflectem o tamanho, a forma, a disposição e a distribuição das caraterísticas de classe das superfícies de contacto da dentição humana".**[1]

As marcas de mordedura em crianças representam abuso infantil até prova em contrário. A maioria dos doentes vítimas de maus tratos a crianças é trazida às urgências hospitalares, clínicas pediátricas ou centros de emergência com uma história de traumatismo acidental fornecida pelos pais ou pelo adulto responsável. As mordeduras raramente são acidentais e são bons indicadores de abuso infantil genuíno[11]

AS MARCAS DE DENTADAS SÃO PROVAS FÍSICAS

O exame das marcas de dentadas utiliza os mesmos instrumentos e a mesma terminologia que a análise de outras provas físicas.

Caraterísticas da classe

As caraterísticas de classe são aquelas que nos permitem expressar confiança de que um determinado tipo de ferramenta (no nosso caso, uma dentição humana) causou uma impressão. Esta determinação, por si só, pode ser importante - o facto de estar presente uma marca de mordedura pode ter valor num processo criminal, mesmo que não estejam presentes caraterísticas individuais suficientes para permitir uma comparação com a dentição de mordedores suspeitos.

As caraterísticas de classe associadas às marcas de dentadas humanas são:

• Lesão de forma circular ou ovoide constituída por duas arcadas opostas, geralmente separadas uma da outra. Por vezes, estes círculos ou ovóides podem ser parciais, o que indica que o odontologista forense deve ser cauteloso na sua interpretação.

• Cada arcada deve apresentar um padrão de lesões mais pequenas que representam os dentes individuais de cada arcada que contactaram com a superfície mordida.

• Os arcos devem ter um tamanho adequado.

• Contusões lineares ou abrasões podem estar associadas a cada arcada, à medida que os dentes se arrastam pela superfície mordida para alcançar as suas posições finais.

• Pode estar presente uma contusão central (ou hematoma).

• Podem estar presentes impressões de contusões que representem pormenores das superfícies palatinas dos dentes incisivos superiores e dos encaixes entre os dentes.

• Podem estar presentes lesões múltiplas em locais diferentes e, por vezes, podem ser observadas no mesmo local, sobrepostas ou sobrepostas umas às outras.

• Também observámos, durante a fase de análise do exame, que as linhas médias de cada arcada dentária, se projectadas ao longo da direção de quaisquer marcas de raspagem no tecido que possam estar presentes, devem encontrar-se numa área mais ou menos central dentro dos limites da arcada. O ângulo entre as duas linhas é indicativo do ângulo entre a dentição e a superfície mordida no momento da mordida, e observámos que é maior em superfícies com maior curvatura.

Normalmente, o ponto de encontro está mais próximo da arcada inferior do que da superior, porque os dentes da arcada inferior movem-se menos através da superfície do tecido em comparação com os da arcada superior. Se esta caraterística geral não for observada, então podemos questionar se a lesão é realmente uma marca de mordida. Devemos também considerar esta caraterística como uma caraterística de classe de uma marca de mordida.

Caraterísticas individuais

As caraterísticas individuais associadas às marcas de dentadas humanas são as que caracterizam a dentição específica que infligiu a lesão. Elas podem incluir:

- Os tamanhos aproximados das arcadas na lesão (com ressalvas, ver abaixo em "Exatidão da transferência das caraterísticas dentárias para os tecidos mordidos" e "Distorções devidas às propriedades dos tecidos e ao movimento de uma parte do corpo mordida").
- O padrão resultante da disposição específica dos dentes na arcada dentária de um agressor.
- A falta de dentes deixa lacunas numa arcada da lesão.
- Um ou mais diastemas podem deixar lacunas reconhecíveis numa lesão do arco.
- Dentes com erupção excessiva ou mal posicionados que deixam evidências no padrão da lesão.

• Fissuras, entalhes ou caraterísticas da superfície dos dentes que deixam vestígios no padrão da lesão.

• As "marcas de raspagem" ou marcas de arrastamento abrasivo numa superfície de tecido resultantes das caraterísticas específicas dos dentes em cada arcada que formam um tipo de "código de barras" suscetível de ser específico de uma determinada dentição.

• O padrão produzido pela mordida que favorece um ou outro lado da dentição.

Se tal não se dever à posição do mordedor e da vítima, pode indicar um padrão de mordedura habitual resultante de uma mordedura aberta em que os dentes anteriores simplesmente não conseguem ocluir.

• Qualquer outro atributo específico de uma dentição refletido na lesão modelada.

É de notar que a Sociedade Australiana de Odontologia Forense (AUSFO), nas suas Diretrizes para a realização de análises de marcas de mordida na Austrália, não só se refere a "caraterísticas de classe" e "caraterísticas individuais", como também inclui "caraterísticas de subclasse" entre as duas. Define-as como sendo "representadas por partes discretas da lesão que podem ser razoavelmente atribuídas como tendo sido efectuadas por dentes individuais. É principalmente na comparação de caraterísticas de subclasse, tais como a posição e o grau de rotação, que são feitas associações entre uma dentição e uma marca de mordedura na pele humana". O documento prossegue com a definição de "caraterísticas individuais" como: até mesmo detalhes mais discretos que revelam informações sobre dentes individuais, tais como áreas atribuíveis ao entalhe e ao desgaste diferencial dos dentes, são considerados caraterísticas individuais. É duvidoso que as caraterísticas individuais sejam representadas com alguma exatidão numa marca de mordedura cutânea devido à natureza da pele humana; no entanto, as caraterísticas individuais podem ser representadas em marcas de mordedura em objectos inanimados.[24]

Caraterística do arco:

Um padrão que representa a disposição dos dentes numa marca de mordida. Por exemplo, uma combinação de dentes rodados, versão vestibular ou lingual, desvio mesiodistal e alinhamento horizontal contribui para a diferenciação entre indivíduos. O número, a especificidade e a reprodução exacta destas caraterísticas da arcada contribuem para a avaliação global, determinando o grau de confiança de que um determinado suspeito fez a marca da mordida (por exemplo, rotação, versão vestibular ou lingual, desvio mesial ou distal, alinhamento horizontal).

Caraterística dentária:

Uma caraterística ou traço dentro de um bitemark que representa uma variação dentária individual. O número, a especificidade e a reprodução exacta destas caraterísticas dentárias, em combinação com a

As caraterísticas do arco contribuem para a avaliação global na determinação do grau de confiança de que um determinado suspeito fez a marca de mordedura (por exemplo, padrão de desgaste invulgar, entalhes, angulações, fratura).[8]

Caraterísticas adicionais (Bowers 2004)

As marcas de mordedura podem ter as seguintes caraterísticas adicionais:

1. ***Equimoses:***

(a) Equimose central: A pressão negativa formada pela língua e pela sucção e a pressão positiva criada pelo fecho dos dentes provocam uma hemorragia extravascular devido à interrupção dos pequenos vasos sanguíneos, produzindo uma equimose central.

(b) Abrasões lineares, contusões ou estrias: Estas são produzidas pelo deslizamento dos dentes contra a pele ou pela impressão das superfícies linguais dos dentes na pele.

(c) Mordedura dupla: É também chamada de *mordida dentro de uma mordida* e é produzida quando, durante o contacto inicial com os dentes, a pele escorrega e os dentes voltam a contactar pela segunda vez com a pele.

(d) Padrões de tecelagem de vestuário interpostos.

(e) Equimose periférica: Produz-se quando há hematomas excessivos e constantes.

2. *Marcas de dentadas parciais:*

(a) Uma arqueada: Também designados por meias-mordidas.

(b) Um ou alguns dentes.

(c) Marcas unilaterais: Produzem-se quando a dentição está incompleta ou quando há uma pressão irregular durante a mordedura.

3. *Marcas de dentadas desbotadas:*

(a) Arcadas fundidas: Neste caso, não existem marcas de dentes individuais.

(b) Sólida: É produzida quando o eritema ou a contusão cobrem toda a área central da marca de mordedura. Neste caso, a marca de mordedura não apresenta um padrão anelar, mas sim uma marca circular descolorida.

(c) Arcos fechados: Neste caso, as arcadas maxilar e mandibular estão unidas nos seus bordos.

(d) Latente: Visto com técnicas de imagem especiais.

4. *Mordeduras sobrepostas:* Duas marcas de dentadas sobrepõem-se uma à outra.

5. *Mordeduras avulsivas: Nestas* mordeduras, o tecido é arrancado da vítima durante a mordedura.[7]

FACTORES QUE INFLUENCIAM O APARECIMENTO DE MARCAS DE DENTADAS

- ***Vascularização do tecido:*** A contusão dos tecidos soltos e altamente vascularizados à volta dos olhos é mais pronunciada do que a da pele em áreas como a palma da mão ou as plantas dos pés.
- ***Idade:*** As crianças e os idosos ficam com nódoas negras mais facilmente devido à pele frouxa e delicada.
- ***Taxa metabólica:*** As mulheres ficam com nódoas negras mais facilmente do que os homens.
- ***Medicamentos:*** A aspirina, por exemplo, pode aumentar a hemorragia.
- ***Cor normal da pele:*** As pigmentações da mancha podem afetar a observação de uma contusão.
- **Massa e velocidade** do impacto.
- ***Tempo de lesão:*** O tempo de aparecimento do hematoma está relacionado com o tempo necessário para que o sangue extravasado chegue à superfície. Este desfasamento permitirá que as equimoses antemortem sejam postmortem.
- ***Outros factores que afectam as contusões:*** Rapidez da morte após a lesão e condições ambientais.[11]

Protocolo da sociedade americana de odontologia forense para a análise de marcas de dentadas, 1993

- Descrição da marca de mordedura
- Recolha de provas junto da vítima

- Fotografia
- Esfregaço de saliva

- Impressão
- Amostras de tecido

• Recolha de provas junto do suspeito

- Registos dentários
- Fotografia
- Exame clínico
- Impressão

• Comparação das marcas de dentadas[11]

Diretrizes da ABFO para os relatórios de investigação e finais sobre as marcas de identificação

As seguintes diretrizes da ABFO para a redação de relatórios sobre marcas de bitcoin propõem um formato para as marcas de bitcoin escritas
relatórios de casos. Estas diretrizes são sugestões para a forma e o conteúdo do relatório.

Os diplomatas podem ser solicitados a fornecer relatórios preliminares ou de investigação. Esses relatórios preliminares podem seguir as mesmas diretrizes gerais sem serem de natureza conclusiva.

Os relatórios podem ser estruturados nas seguintes secções

Introdução

Esta secção fornece a informação de base, os dados "quem, o quê, quando, onde e porquê" relacionados com o caso.

Inventário dos elementos de prova recebidos

Esta secção enumera todas as provas recebidas pelo odontologista forense e especifica a fonte das provas.

Inventário das provas recolhidas

Esta secção enumera a natureza, a fonte e a autoridade das provas recolhidas pelo odontologista forense.

Opinião sobre a natureza da lesão ou lesões modeladas

Esta secção indica a opinião do autor quanto ao facto de as lesões com padrão em questão serem ou não marcas de mordedura, utilizando a terminologia da ABFO. Nesta parte do relatório, é utilizado apenas um termo comparativo para cada opinião.

Métodos de análise

Esta secção descreve os métodos analíticos utilizados para as lesões padronizadas determinadas como marcas de mordida.

Resultados das análises

Esta secção descreve os resultados das comparações e análises.

Opinião

Esta secção apresenta a opinião do autor sobre a relação entre uma ou mais marcas de mordedura e um ou mais mordedores suspeitos, utilizando a terminologia de marcas de mordedura da ABFO. Nesta parte do relatório, é utilizado apenas um termo comparativo para cada opinião.

Declaração de exoneração de responsabilidade

Podem ser incluídas declarações de exoneração de responsabilidade para indicar que a opinião ou opiniões se baseiam nas provas analisadas até à data do relatório. O autor pode reservar-se o direito de apresentar relatórios alterados, caso surjam provas adicionais.

Diretrizes de análise da marca de identificação ABFO

Descrição da Bitemark

O odontologista deve registar e descrever os seguintes elementos

1. Dados de identificação (número do processo, agência, nome do(s) examinador(es), etc.)
2. Localização da Bitemark
a. Localização anatómica ou objeto mordido
b. Contorno da superfície: (por exemplo, plano, curvo ou irregular)
c. Caraterísticas dos tecidos
3. Forma, cor e tamanho
4. Tipo de lesão (por exemplo, abrasão, contusão e avulsão)
5. Outras informações, conforme indicado (por exemplo, caraterísticas tridimensionais, condições invulgares, derivadas de tecido excisado e transiluminação).

Métodos de comparação de exemplares com marcas de referência

1. Tipos de sobreposições
a. Gerado por computador
b. Traçado a partir de moldes dentários

c. Radiografias criadas a partir de material radiopaco aplicado à mordida de cera.
d. Imagens de moldes impressas em película de transparência.
2. Picadas de teste (cera, esferovite, argila, pele, etc.)

3. Técnicas de comparação

a. Os exemplares da dentição são comparados com fotografias de tamanho correspondente do padrão de mordida.

b. Moldes dentários para fotografias em tamanho real, moldes dos padrões de mordida, reproduções do padrão quando em objectos inanimados ou tecido ressecado.

4. Outros métodos utilizados para a análise

a. Transiluminação de tecidos

b. Melhoramento informático e/ou digitalização de marcas e/ou dentes

c. Estereomicroscopia e/ou macroscopia

d. Microscopia eletrónica de varrimento

e. Sobreposição de vídeo

f. Histologia

g. Estudos métricos[8]

BIBLIOGRAFIA

1. Senn DR. History of bitemark evidence. Bitemark Evidence-A Color Atlas and Text, 2ª ed., CRC Press, Boca Raton, Londres. 2011
2. Jain N, Lattoo S. Estimativa da idade e metodologia dentária. Textbook of Forensic Odontology (Livro de texto de odontologia forense). Índia: Jaypee Brothers Medical Publishers. 2013.
3. Prahlow J. Mortes por ferimentos provocados por força cortante. InForensic Pathology for Police, Death Investigators, Attorneys, and Forensic Scientists (Patologia Forense para a Polícia, Investigadores de Óbitos, Advogados e Cientistas Forenses) 2010. Humana Press.
4. Kieser-Nielsen, S. Person identification by means of the teeth (Identificação de pessoas através dos dentes). Bristol, John Wright & Sons, 1980.
5. Vinutha YJ, Krishnapriya V, Shilpa G, Vasanti D. Medicina dentária forense: A perspetiva de um pedodontista. J Med Radiol Pathol Surg 2015;1:8-14.
6. Academia Americana de Odontopediatria. Diretrizes sobre aspectos orais e dentários do abuso e negligência de crianças. Pediatr Dent 2014;36:167-70.
7. Rai B, Kaur J. Medicina dentária forense baseada em provas. Springer Science & Business Media; 2012
8. Senn DR, Stimson PG, editores. Forensic dentistry. CRC press; 2010.
9. Gurunathan D, Shanmugaavel AK. Negligência dentária entre crianças em Chennai. J Indian Soc Pedod Prev Dent 2016;34:364-9.
10. Kanbay Y, Asian O, I§ik E. Child Abuse and Neglect.-. Revista Internacional de Ciências da Saúde e Investigação (IJHSR). 2016;6(8):352-7.
11. Marwah N. Livro de texto de odontologia pediátrica. Jaypee Brothers, Medical

Publishers Pvt. Limited; 2018.

12. Política de proteção das crianças da rede de saúde Te Awakairangi Implementada: junho de 2015.

13. Krug EG, Mercy JA, Dahlberg LL, Zwi AB. O relatório mundial sobre violência e saúde. The lancet. 2002 Oct 5;360(9339):1083-8.

14. Kempe CH, Silverman FN, Steele BF, Droegemueller W, Silver HK. The battered-child syndrome. InC. Henry Kempe: Um legado de 50 anos para o campo do abuso e negligência infantil 2013. Springer.

15. Parteek R., e Digvijay Vaghela. "Síndrome do bebé maltratado: The extreme case". J Indian Acad. Forensic Med 2009;31(2):147-150.

16. Kurokami, Tsunehiko, et al. "Pitfalls in the Recognition and Diagnosis of Munchausen Syndrome by Proxy" (Armadilhas no reconhecimento e diagnóstico da síndrome de Munchausen por procuração). *Clínicas em Saúde Materna e Infantil* 2006.

17. Jadhav, Shridhar, e Jitendra Oswal. "Um relato de caso da síndrome de Munchausen por procuração, apresentando-se como síndrome de West sintomática adquirida". Jornal do Instituto Krishna de Ciências Médicas 2016; 5 (3).

18. Meadow, Roy. "Gestão da síndrome de Munchausen por procuração". Archives of Disease in Childhood 1985;60(4): 385.

19. Stirling, John. "Para além da síndrome de Munchausen por procuração: identificação e tratamento do abuso de crianças num ambiente médico". Pediatrics 2007;119(5):1026-1030.

20. Traumatismo craniano abusivo - Síndrome do bebé sacudido Texas department of family and protective services

21. Blumenthal, Ivan. "Síndrome do bebé sacudido". Postgraduate medical journal78.926 (2002): 732-735.

22. Rufa Mitsu RN, MSN 1 , Jipi Varghese RN, MSN, PhD: Síndrome do Bebé Sacudido: A Comprehensive Review of Manifestation, Diagnosis, Management and Prevention (Uma revisão abrangente da manifestação, diagnóstico, tratamento e prevenção)

23. Fonte: Pesquisa no Google

24. Jane A. Taylor: Forensic Odontology Principles and Practice; 2016.

25. Catherine Adams, Romina Carabott, Sam Evans Odontologia Forense: An Essential Guide; 2014.

26. Balachander N, Babu NA, Jimson S, Priyadharsini C, Masthan KM. Evolução da odontologia forense: An overview. J Pharm Bioallied Sci. 2015.

27. Werdlin A, Berkowitz C, Craft N. Cutaneous signs of child abuse (Sinais cutâneos de abuso de crianças). J Am Acad Dermatol. Sep 2007;57(3):371-92.

28. Broughton DD. A exploração infantil no século XXI. Pediatria e Saúde Infantil. 1 de dezembro de 2009;19:197-201.

29. Casamassimo PS. Abuso sexual infantil e o odontopediatra. Odontopediatria. 1986;8:102-6.

30. Singh MM, Parsekar SS, Nair SN. An epidemiological overview of child sexual abuse. Jornal de medicina familiar e cuidados primários. outubro de 2014;3(4):430.

31. Pascoe DJ. Gestão de crianças vítimas de abuso sexual. Pediatric annals. 1979 May 1;8(5):44-58.

32. Organização Mundial de Saúde. Diretrizes para os cuidados médico-legais das vítimas de violência sexual.

33. Black MM, Drennen CR. Questões nutricionais e de crescimento relacionadas com a

negligência infantil. Anais de Pediatria. Nov. 2014;43(11):266-70.

34. Stavrianos C, Stavrianou D, Stavrianou I, Kafas P. Child neglect: A review. The Internet Journal of Forensic Science. 2009;4(1).

35. Dubowitz H, Bennett S. Physical abuse and neglect of children (Abuso físico e negligência de crianças). The Lancet. 2007;369(9576):1891-9.

36. Schmitt BD. Tipos de abuso e negligência infantil: uma visão geral para dentistas. Sexual abuse. 1986;44:6-8.

37. Cowen PS. Negligência infantil: Lesões de omissão. Pediatric Nursing. 1999 1;25(4):401.

38. Goldman J, Salus MK, Wolcott D, Kennedy KY. A Coordinated Response to Child Abuse and Neglect: The Foundation for Practice. Child Abuse and Neglect User Manual Series.

39. Willems G, Moulin-Romsee C, Solheim T. Métodos não destrutivos de cálculo da idade dentária em adultos: efeitos intra e inter-observadores. Forensic science international. 2002 23;126(3):221-6.

40. Pretty IA. A utilização de técnicas de envelhecimento dentário na prática odontológica forense. Journal of forensic sciences.Sep 2003 1;48(5):1127-32.

Printed by Books on Demand GmbH, Norderstedt / Germany